国家自然科学基金国际合作项目(71761147003)、国家自然科学基金面上项目(71473088)资助

森林碳汇交易市场研究

周 伟 高 岚 著

中国林业出版社
CF·PH· China Forestry Publishing House

图书在版编目（CIP）数据

森林碳汇交易市场研究 / 周伟，高岚著. —北京：
中国林业出版社，2021.7
ISBN 978-7-5219-1253-1

Ⅰ. ①森⋯　Ⅱ. ①周⋯ ②高⋯　Ⅲ. ①森林-二氧化
碳-排污交易-研究-中国　Ⅳ. ①X511

中国版本图书馆 CIP 数据核字（2021）第 136981 号

出版发行　中国林业出版社（100009　北京市西城区德内大街刘海胡同 7 号）
　　　　　　E-mail：36132881@ qq. com　电话：（010）83143545
　　　　　　http：//www. forestry. gov. cn/lycb. html
印　　刷　三河市双升印务有限公司
版　　次　2021 年 7 月第 1 版
印　　次　2021 年 7 月第 1 次印刷
开　　本　710mm×1000mm　1/16
印　　张　10
字　　数　164 千字
定　　价　80. 00 元

前　言

近年来，气候变化已成为全球各国最关注的环境问题。2015 年 12 月，《联合国气候变化框架公约》近 200 个缔约方在巴黎气候变化大会上达成《巴黎协定》。《巴黎协定》长期目标是将全球平均气温较前工业化时期上升幅度控制在 2 摄氏度以内，并努力将温度上升幅度限制在 1.5 摄氏度以内。

2020 年 9 月，中国政府在第七十五届联合国大会上首次提出，中国将提高国家自主贡献力度，采取更加有力的政策和措施，二氧化碳排放力争于 2030 年前达到峰值，努力争取 2060 年前实现碳中和。2021 年在中国两会上，碳达峰与碳中和被首次写入政府工作报告。碳达峰是指我国承诺 2030 年前，二氧化碳的排放不再增长，达到峰值之后逐步降低。碳中和是指在 2060 年前，企业、团体或个人测算在一定时间内直接或间接产生的温室气体排放总量，然后通过植树造林、节能减排等形式，抵消自身产生的二氧化碳排放量，实现二氧化碳"零排放"。

市场机制被认为是实现中国碳达峰与碳中和目标的重要方式。中国在 2011 年开展了碳交易试点工作，批准北京、天津、上海、重庆、湖北、广东及深圳开展碳排放权交易试点。2017 年，启动了中国碳排放权交易市场。《碳排放权交易管理办法（试行）》已于 2020 年 12 月由生态环境部公布，自 2021 年 2 月 1 日起施行。

作为碳排放权交易的抵消机制之一，森林碳汇交易作为减缓气候变化的重要方式已在全球范围内受到了认可。因此，研究森林碳汇交易市场发展的现状、潜力与政策激励机制对于中国应对气候变化，成功实现碳达峰、碳中和的目标具有重要意义。

本书通过收集与查阅相关的文献资料，对国内外森林碳汇交易市场的现状进行了阐述与比较。在此基础上，分析了我国森林碳汇的供给与需求的现状。由于森林碳汇是作为抵消机制参与碳排放权交易，即森林碳汇的需求方主要是被纳入温室气体重点排放单位名录的行业与企业，因此本书主要对森林碳汇的供给进行了探讨。在森林碳汇市场的供给分析中，首先以森林固碳的成本效用方法研究了无林地造林、有林地改变森林经营方式与禁伐的三种增汇策略，对森林碳汇现有发展模式提供解释。其次，对森林碳汇的政府供给机制进行了讨论，并构造了政府供给下不同政策工具成本效用分析的理论框架。通过数理推导构建模型并进行实证检验，为宏观政策制定提供依据。再次，以轮伐期作为经营者的决策变量，采用最优化分析模型，分别考察了不同立地条件、不同经营树种与考虑不同碳库碳汇效益时对经营者生产森林碳汇决策的影响，为如何激励林地经营者供给提供依据。以前面得到的结果为基础，并结合中国的森林资源现状，设计了森林碳汇生产的激励机制。最后，本书从森林碳汇市场的交易模式选择、交易流程设计与交易制度构建三个方面对促进我国森林碳汇市场的发展进行了研究。

　　本书的完成主要依托承担的国家和省级项目，与培养的博士研究生毕业论文。依托的项目有高岚教授主持的国家自然科学基金国际合作项目（71761147003）、国家自然科学基金面上项目（71473088）、广东省发展和改革委员会低碳发展专项资金项目与广东省林业厅科技创新项目（2013KJCX018-02），周伟博士的广东省自然科学基金博士启动项目（2018A030310347）。同时，除了本书中的主要执笔者以外，刘豪博士也为本书作出了贡献，在此表示感谢。

著　者

2021 年 4 月于广州

目　录

第1章 国内外森林碳汇市场交易现状及比较分析

森林是应对气候变化的一种重要方式。据统计，有 97 个国家在《巴黎气候协定》中特别制定了关于减少毁林带来的碳排放或是增加森林面积的计划。森林碳汇市场发展不断成熟，自 2009 年后，森林碳汇市场进入高速发展时期，交易量与交易额不断增长。根据 Ecosystem Marketplace 在 2017 年发布的报告《State of Forest Carbon Finance 2017》，截至 2016 年底，森林碳汇市场交易的总额已经累计达到了约 28 亿美元①。虽然森林碳汇的交易量在 2016 年降低了，但森林碳汇市场交易额仍达到了将近 6.3 亿美元，再

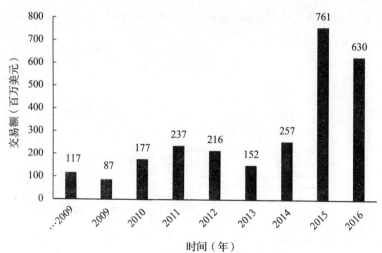

图 1-1 森林碳汇市场交易额的变化趋势

数据来源：Ecosystem Marketplace。

---

① 注：Ecosystem Marketplace 是非营利组织 Forest Trerds 的一项基于网络的服务，是全球领先的环境融资、市场和生态系统服务支付信息来源。其发布的森林碳汇交易报告最新的即为 2017 年版本。

加上非市场交易的 REDD+①付费项目，森林碳汇交易的总额达到了 6.6 亿美元。森林碳汇交易额的变化趋势如图 1-1 所示，需要指出的是，2015 年与 2016 年森林碳汇交易额的迅速增长主要来源于澳大利亚减排基金的交易额。同时，森林碳汇市场也逐步向全球化发展，延伸到许多发展中国家，并在各国成立森林碳汇市场交易所，为全球碳汇发展做出巨大贡献。

　　森林碳汇市场是全球碳汇交易市场的一部分，伴随着碳交易市场的分区形成了几大类型的市场。森林碳汇市场按照等级不同主要分为两大类，即规范性和自愿性碳交易市场，如图 1-2 所示。规范性碳市场中市场成员无法自行决定是否参与温室气体减排，而是被强制规范参与的对象，主要有欧盟排放交易市场（European Union Emission Trading Scheme，EU ETS）、排放贸易（Emissions Trading，ET）、联合履行机制（Joint Implementation，JI）、清洁发展机制（Clean Development Mechanism，CDM）市场、新南威尔士州温室气体减排计划（New South Wales Greenhouse Gas Abatement Scheme，NSW GGAS）市场和新西兰排放交易计划（New Zealand Emissions Trading Scheme，NZ ETS）市场等。自愿性碳交易市场与规范性交易市场相反，成员可自行决定是否参与温室气体减排，属于自愿加入碳减排的成员，主要有芝加哥气候交易所（Chicago Climate Exchange，CCX）市场和自愿场外交易（Voluntary OTC）市场等。

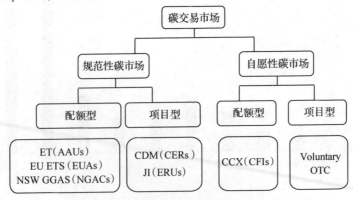

图 1-2　碳汇交易市场类型（邱祈荣，2008）

注：括号中为交易单位。

---

　　① REDD 是 Reducing Emission from Deforestation and Forest Degradation 的缩写，指减少砍伐和土地退化造成的排放。REDD+是指通过减少砍伐和土地退化减排，以及森林保护、可持续管理增加森林碳储量。

如图 1-2 所示，不同类型的市场均可细分为配额型交易市场和项目型交易市场。配额型交易方式主要是成员间通过买卖总量管制下产生的碳汇额度来达成减排目标，通常以现货的方式进行买卖。在总量管制下，将所有参与减排的成员视为一个整体，拟定温室气体减排量总目标，并规范每个成员所允许的排放配额。如果其中某一成员的配额有剩余，则可以将剩余的配额出售给参与此市场的其他成员。项目型交易方式主要是指买方借由参与相关的温室气体减排项目，以获得碳汇额度，通常以期货的方式进行买卖。以上分类方法更为严谨，对于做比较研究来说，操作性更强，条理更为清晰。

在自愿性碳汇市场方面，自愿场外交易（Voluntary OTC）（注：自愿场外交易市场是在 CCX 之外，存在大量分散的自愿交易，它们不受排放上限的限制，且不在正规的交易所交易）一直占森林碳汇市场主要份额，2010年为 89.27%，2011 年为 78.06%。在规范性森林碳汇市场方面，清洁发展机制（CDM）市场的森林碳汇交易量最多，价格最低。其森林碳汇项目——造林/再造林（AR）项目受《京都议定书》的影响，森林碳汇价格和交易量都保持相对平稳。新西兰排放交易计划（NZ ETS）一直保持森林碳汇的最高价格，但与新南威尔士温室气体减排计划（NSW）的市场一样，其交易量都比较少，且均受其国内碳排放政策的影响。本书按照森林碳汇市场交易发生的区域不同，将欧盟、北美、大洋洲等区域的森林碳汇市场进行分别论述，同时对中国森林碳汇市场进行单独论述。

1.1　国外森林碳汇市场交易现状

全球森林碳汇市场已经进入快速发展的阶段，目前全球碳市场主要的交易体系有欧盟排放交易体系、美国芝加哥排放交易体系、澳大利亚和新西兰排放交易体系。亚洲森林碳汇市场起步的时间相对较短，市场还不完善，与发达国家相比还相距甚远。表 1-1 概括了主要区域交易体系在下列 9个方面(是否加入京都议定书、市场类型、分配方式、运行机制、政策支持、交易场所、交易商品、交易执行标准和涉及范围)的比较介绍。

表 1-1　国外碳汇市场交易体系现状

	欧盟	美国	日本
是否加入《京都议定书》	是	否	是
市场类型	主要配额市场	第二大配额市场	需求市场
分配方式	总量限制、强制减排	自愿加入或者/总量限制、强制减排	试验阶段：自愿加入、自定减排目标。2013年启动强制性碳排放交易机制
运行机制	三阶段，2008年开始由免费发放逐渐过渡到拍卖为主	区域温室气体行动计划（RG-GI）：以拍卖为主	2008年推行J-VETS体系由自愿到强制的试验机制，2010年日本东京都总量限制交易体系
政策支持	2003年的《欧洲温室气体排放交易指令》；2007年的《欧盟能源技术战略计划》；2009年的《关于促进和利用来自可再生供给源的能源条例草案》	1997年的《碳封存研究计划》；2003年的《碳封存研发计划路线图》；2005年的《能源政策法》；2006年的《先进能源计划》；2007年的《能源独立安全保障法》和2010年的《美国电力法案》	2004年的《面向2050年的日本低碳社会》《面向低碳社会的12大行动》《福田蓝图》；2010年的《地球变暖对策基本法案》
交易场所	欧洲气候交易所、欧洲能源交易所、北欧电力库、BlueNext环境交易所和Climex交易所	芝加哥气候交易所（CCX）、美国洲际气候交易所和绿色交易所	日本碳汇交易平台（CCTPP）
交易商品	是EUA与CER类产品，现货以及远期合约、期货、期权与互换等金融衍生品	CERs类现期货、EUA类现期货，CERs期权以及EUA期权	主要以CERs为主
交易执行标准	清洁发展机制和联合履行机制项目标准	黄金标准和自愿型碳标准	—
涉及范围	能源与一般工业部、航空部门及化工、铝精炼部门	芝加哥气候交易体系涉及：交通、电力、航空等几十个行业，区域温室气体行动计划只涉及电力行业	只涉及东京1100个商业设施和300个工厂

注：—表示没有查到相关资料。

1.1.1　清洁发展机制森林碳汇项目交易现状

《京都议定书》是应对全球气候变暖，减少大气中温室气体浓度的一项国际协议。该协议于2005年生效，要求被称为附件一的37个工业化国家，在2008—2012年间其温室气体排放量减少1990年水平的5%。《京都议定书》允许发达国家通过系列灵活机制方式交易或购买减排额度以达到减少温室气体排放量的目标。这些机制催生并发展了世界最大的碳市场。在《京都议定书》中有三个关键的机制：清洁发展机制（CDM）、联合履行（JI）和排放贸易（ET）。CDM和JI是京都市场两个允许森林项目参与的机制。由于我国不能参与JI，本章将重点论述CDM，其目的是鼓励附件一国家向发展中国家（非附件一）的可持续发展项目投资，允许为完成部分减排量而购买其项目产生的核证减排量（CERs）。CDM被许多人认为是同类交易的开拓者，是同类中第一个全球性的环境投资与信贷机制，提供了标准化的排放抵消工具。

造林/再造林（AR）是清洁发展机制唯一允许的森林碳汇项目类型。发达国家在履约期间（2008—2012年）限制使用AR项目的碳汇，只能占减排总量的5%以下。为解决森林碳汇项目卖的碳汇是现在还是将来的碳汇的问题，CDM开发了两个碳汇的独特类型——临时CER（tCER），长期CER（lCER），以应付可能出现的森林碳汇逆转现象。在供给方面，AR项目占CDM项目数量很小的部分。截至2020年12月，已注册的CDM项目数为7800个，而AR项目已注册CDM的仅有67个，约占注册项目总数的0.86%。第一个AR项目于2006年11月在CDM注册，直到26个月后，即2009年1月才有下一个，最新注册的AR项目来自2019年10月。

在需求方面，世界银行生物碳基金占据了市场的大部分需求。世界银行生物碳基金成立于2004年，通过鼓励碳融资项目推动清洁发展机制和自愿场外交易市场中土地利用、土地利用变化和林业（LULUCF）部门的进一步发展和创新。它是世界上CDM森林碳汇最大的单一买家，在CDM市场有无可比拟的作用。根据广西林业局的报道，2019年8月底，广西实施的"中国广西珠江流域再造林项目"碳减排量再次获核证签发。碳减排量为31.86万吨二氧化碳当量（CO_2e），由世界银行生物碳基金全部购买，碳汇交易额可达138.57万美元。该项目的成交均价为4.3美元/吨CO_2e。该项目于2006年在环江和苍梧县实施，累计造林3100公顷。该项目是首个《京都议定书》正式生效后，组织实施的CDM林业碳汇项目，也是全球第一个获得联合国清洁发展机制执行理事会（EB）批准并成功注册的清洁发展机制下再造林碳汇项目。

清洁发展机制下的森林碳汇的市场供需受到限制。全球范围内，CDM市场仍然是 AR 项目的主要市场，同时也继续抑制其在森林碳汇市场中的发展。在需求方面，有两个因素抑制全球 CDM 的 AR 项目的发展：一是使用临时碳汇，tCER 虽然是一个创新，但当临时信用到期，购买方必须用其他碳汇取代，会造成买方的额外负担，更何况一个国家登记册交出一年碳汇的森林项目可能不复存在，这会带来未来计量审核问题；二是清洁发展机制中的 AR 项目在大多数发展中国家面临着低投资回报率和多重障碍的问题。目前阻碍 AR 项目发展潜力是严格的温室气体的会计规则、当地项目开发与实施能力之间的不匹配和生产数量相对低的碳汇等因素。暂时计入导致较低的价格并限制了需求，在复杂规则下，较高交易成本和不可预测的碳汇收益，会加剧抑制需求。当然，清洁发展机制还有很长的路要走，仍然有改进的余地。

在市场预期方面，介于森林碳汇的临时性，目前欧盟在碳排放交易中不允许使用森林碳汇，这使得全球对森林碳汇的需求造成了"寒蝉效应"（属于负面效应）。《京都议定书》中附件一的国家即使被允许使用自己的京都承诺 tCER 和 lCER，但是需求也非常有限。因此，《京都议定书》未来森林碳汇市场的预期存在很大的不确定性。

1.1.2　欧盟森林碳汇交易现状

2005 年，《京都议定书》正式生效，标志着第一个为控制气候变暖而具有法律约束力的国际公约开始强制生效，这也成为欧盟排放交易体系建立的主要动因。作为附件一的主要缔约方，欧盟在《京都议定书》中的承诺是：2008—2012 年间，欧盟温室气体总排放量比 1990 年减少 8%。2003 年10 月，欧盟议会和理事会通过了欧盟 2003 年第 87 号法令，宣布欧盟排放交易体系从 2005 年 1 月 1 日起正式运行，其目的是为了帮助成员国达到《京都议定书》中所承诺的减排目标，提供降低减排成本的一种市场机制。这种市场机制具有市场化、强制性和灵活性特点。欧盟排放交易体系是欧盟为了应对气候变化和用最小成本减少工业温室气体排放的最重要手段。欧盟排放交易体系在实施后的十年内，帮助欧盟将其成员国排放量比 1990年时的水平降低了 22%[①]。到目前为止，欧盟排放交易体系已经覆盖了 30

---

① 来源：https://ec.europa.eu/clima/policies/strategies/progress_en.

个国家(27 个欧盟成员国加冰岛、列支敦士登与挪威)的 11000 个温室气体排放源，覆盖了欧盟 40%的温室气体排放量，成为世界上第一个，同时也是世界上最大的国际温室气体排放交易体系。在刚结束的第三个阶段中(2012—2020 年)，欧盟排放交易体系从以下几个方面进行了改变：一是从欧盟范围内制定单一的排放上限；二是拍卖取代了免费分配成为默认的配额分配方式；三是更多的部门与温室气体被纳入进来；四是为新进入者预留了 3 亿吨的配额储备，用于激励创新。

欧盟排放交易体系分隔了全球市场，森林碳汇交易很难进入体系内。在欧盟排放交易市场(EU ETS)正式运行前欧盟委员会规定，各成员国通过《京都议定书》的灵活机制以成本效率最优的方式完成减排目标，为欧盟排放交易市场(EU ETS)的交易单位(EUAs)，EUA 和《京都议定书》的清洁发展机制(CDM)项目产生的核证减排量 CERs 及联合履约机制(JI)项目下的ERUs 建立了链接关系，即一个单位的 EUA 等同于一个单位的 CER 或ERU。虽然该指令 2004 年下半年开始生效了，但由于《京都议定书》的第一承诺期始于 2008 年，所以 CER 和 ERU 在 EU ETS 中的使用在第二阶段才成为现实。同时，欧盟也对 CER 和 ERU 的使用设置了一些限定条件，如：土地使用、土地使用变更和林业项目的减排指标不能进入 EU ETS。欧盟各成员国也对欧盟从外部进口的减排指标数量设置了上限。另外，对于第三阶段，欧盟设置了更加严格的规定：CDM 项目只有在贫穷国家(主要是非洲国家)产生的 CER 才能在 EU ETS 中进行交易，此规定进一步限制了 CER 替代 EUA 的数量。

1.1.3 北美森林碳汇交易现状

北美市场主要是在美国发起，与周围地区和国家进行森林碳汇交易所形成的市场。与欧盟相比，北美碳汇交易市场类型更加多元化。北美碳汇交易市场包括自愿性市场——芝加哥气候交易所(CCX)和正兴起的规范性市场——加州气候行动(California Climate Action Registry, CCAR)与西部气候倡议。

1.1.3.1 芝加哥气候交易所

芝加哥气候交易所(CCX)是由美国多个企业共同协议创立，属于自愿性但有法律约束力的总量管制碳汇交易市场，也是当时仅有的包含六种温室气体的全球性排放交易市场。芝加哥气候交易所在 2003 年推出北美的第一个温室气体排放交易计划，起初只有 13 名成员自愿承担减少自 1998—2001 年平均排放量的 4%，接着澳大利亚、中国和印度等会员也自愿加入。截至 2010 年增长至一百多个成员，总减排放量达到 6.8 亿吨 CO_2e。排放交易计划完成两个履约阶段分别是 2003—2006 年和 2007—2010 年，第二阶段承诺加快减排 6%，2010 年底结束交易。芝加哥气候交易所项目类型主要有 8 种，分别是农业甲烷、煤矿甲烷、垃圾掩埋场甲烷、农业土壤碳、牧场土壤碳管理、林业、再生能源以及破坏臭氧物质。另外，能源有效性和燃料转换以及清洁发展机制合格项目也可以进行交易。

在森林碳汇方面，芝加哥气候交易所依照联合国政府间气候变化专门委员会提出四种减少温室气体的合格方法，分别为：造林，减少毁林和退化（REDD），加强森林管理增加林分或单位面积林地的碳密度（Improved Forest Management，IFM）以及使用木材产品增加碳存储和提高燃料替代率。造林项目所需土地必须是在过去 50 年以内的无林土地或 1990 年以后的无林地，通过芝加哥气候交易所提供的碳累计表，计算造林方案的碳汇。在合同期间，无论树木轮伐，还是砍伐都是允许的，除非土地所有者在树木轮伐之前选择可持续地管理森林。目前，造林项目是美国森林所有主经营最多的森林碳汇项目，其他三项碳抵减项目的遵循规则已经拟定，但是项目的申请、审核到注册等的文件表格设计仅限于造林项目。CCX 开创了首个聚集计划，即将多个小规模森林碳汇项目捆绑在一起形成一个大规模森林碳汇项目，以便简化开发程序和减少交易成本，适合当地小农牧场主参与。CCX 的项目还吸引了美国以外的巴西、乌拉圭、智利、哥斯达黎加和哥伦比亚的参与。

CCX 的建立起到了临时加入清洁发展机制以减轻意外碳损失的过渡缓冲作用。更重要的是，CCX 是聚集模型的先驱，鼓励众多的农民、牧场主和森林所有者加入温室气体排放交易计划。现在加州气候行动（CCAR）、清洁发展机制等都制定聚集项目的正式规则，允许聚集项目开发。这样就降低了森林碳汇供给方进入市场的门槛，扩大了森林碳汇供给方的范围，有利森林碳汇市场不断发展壮大。

1.1.3.2 加州气候行动

加州气候行动是依据加州法令设立的一项非盈利自愿性温室气体排放系统，主要是协助在加州运营的公司或组织，建立温室气体排放基线，以应对未来州政府可能的减排要求。该行动旨在鼓励企业温室气体排放量的自愿申报和登记。其减排项目参与者可以是企业、非盈利性组织、州政府机关或其他类型的运营实体。

2006 年加州通过了全球变暖解决方案法——第一个美国整个经济监管方案，加州空气储存委员会（Air Resources Board，ARB）负责实施方案法，同时制定一个开放的总量控制和交易方案以抵消碳排放，该方案囊括了整个州 85% 的温室气体排放量。2010 年底，ARB 通过了一项初始实施限额和贸易计划的法规，包括两个森林碳汇项目协议授权使用。加利福尼亚州的总量管制和贸易法规自 2011 年起生效，该法案自 2013 年以来一直在实施。2021 年生效的新法案进行了几项关键更改，其中之一是对抵消额的使用进行了修改。在加州气候行动中，纳入控排的企业当前可以最多使用 8% 的抵消额来完成它的减排任务，这一额度将在 2021—2025 年下降到 4%，然后在 2026—2030 年增加到 6%。

加州气候行动的森林碳汇项目包括造林、改善森林管理和避免毁林项目（大致等同于造林/再造林，IFM 和美国本土的 REDD）。议定书涵盖直辖市、教育设施、公用事业种植树木，沿道路、公园、停车场和其他开放空间的活动。所有森林项目根据最新的 CCAR 和 ARB 市场需要进行开发，还要满足 ARB 承诺到 25 年计入期的抵消额度和另外 100 多年的监测和核查。这是迄今森林碳汇标准规定的最长监测期。如果 ARB 的方法学有更新或修改，项目进入第二个计入期时将被要求使用新的方法，申请最新有关森林协议的版本。

2016 年，森林碳汇的项目供应达到了新高。标准机构美国碳注册登记簿（American Carbon Registry，ACR）与美国气候行动储备方案（Climate Action Reserve，CAR）共签发了符合加州要求的 3100 万吨 CO_2e 抵消额。同时，ACR 签发的所有抵消额中，65% 都来自森林与其他土地利用的碳汇项目。虽然 ARB 批准协议的范围有限，但是加州气候行动扩大到了整个美国，并接受来自美国以外如加拿大和墨西哥的项目，参与其 REDD+项目。

2010 年底，加州与墨西哥恰帕斯州和巴西的阿克里州签署协议，使这些国家的 REDD 项目加入加州气候行动。该协议产生的 REDD 抵偿项目开发和技术设计也随之进入 ARB 中。

一方面，加州气候行动不同时期价格变动幅度大，影响森林碳汇交易的正常运行。因交易限额和贸易计划内的所有 CCX 森林碳汇要在 2010 年底之前交易结束，所以碳汇需求在 2010 年迅速骤降，价格也随之下跌。碳汇价格从 2008 年 5 月高峰时 7.0 美元/吨 CO_2e 跌至 2009 年 10 月 0.1 美元/吨 CO_2e。同时，在场外交易市场，超过 8 万吨 CO_2e 的森林碳汇以平均 1.0 美元/吨 CO_2e 的价格被抛售。自愿森林碳汇市场 CCX 没有做好结尾工作，价格的大幅波动加上投机性的购买给其他碳汇市场带来洼地效应，影响周围碳汇市场的正常交易。另一方面，森林碳汇交易年限灵活，导致市场不能正常开展，影响项目的进一步推广。ARB 将原定的 2012 年推迟到 2013 年开始履约，这种延迟不会改变固碳的上限，也不改变 2020 年的排放量削减目标。但是在市场起步阶段，这种延迟现象会使得碳汇市场更多需求方持观望态度，可能直接导致计划开展和推广的困难。森林碳汇项目要通过 CAR，要经过三个不同的核查：第一步是进入 CAR 计划，第二步是进入 ARB 审批程序，第三步是成为 ARB 注册项目。这些步骤中的每一个都有其风险，可能导致无法到达最后一步。漫长的审核过程一方面可能导致价格的波动，如森林碳汇价格进入 CAR 时是 8 美元，而在注册 ARB 后是 11 美元。另一方面，也可能导致交易成本增加，虽然价格升高，但森林碳汇的流动性变差，交易缓慢，不利于森林碳汇市场的发展。

1.1.4 大洋洲森林碳汇交易现状

大洋洲有两个国家根据《京都议定书》目标各自建立了碳汇市场，但是二者的森林碳汇市场却展现出不同的发展趋势。一方面，新西兰全国性森林碳汇市场发展迅速；另一方面，澳大利亚区域性森林碳汇市场早期发展相对低迷。下文将对这两者在森林碳汇实施政策和在森林碳汇交易两方面进行分别论述。

1.1.4.1 新西兰森林碳汇交易现状

新西兰排放交易计划(NZ ETS)始于 2008 年，是为实现《京都议定书》

目标的最低成本方法，主要交易单位是新西兰单位（New Zealand Units，NZUs），该计划自 2010 年 7 月至 2012 年 12 月建立一个过渡时期，规定 NZUs 上限价格是 25 新西兰元（19 美元），并制定 1:2 的规则，即有效的 1 NZU 排放等于 2 吨 CO_2e 的排放。新西兰国土面积约 30% 被森林覆盖，其中大多数是原始森林，但一般不能作为木材生产或碳抵消项目。新西兰鼓励和重点监管森林碳汇项目是人工林，约 1.8 万公顷（约占全国土地面积的 7%），其中大约 90% 是精细化管理，适于短期轮伐。

在森林碳汇实施政策方面，新西兰是第一个也是唯一一将林业部门纳入国家排放交易计划的国家。自 2008 年开始到 2010 年，林业和工业、交通、能源等部门都被纳入强制排放交易计划中。作为先行者，新西兰运用监管排放和抵消测试方法使国内林业部门参与国家和国际碳交易市场。新西兰根据造林起始时间提供两种不同的生产森林碳汇项目模式。第一种是 1990 年以前存在的森林，虽然它不能增加固碳，但是森林碳汇项目通过对碳汇林监管和减少采伐活动的方式，参与新西兰排放交易计划得到政府分配的 NZUs。如果出现森林面积减少（超过 2 公顷）的情况将必须购买配额或抵消额，相当于改善森林管理项目（IFM）。第二种是如果在 1990 年至 2007 年间砍伐森林，但 2008 年后减少采伐，森林碳储量增加可以进入新西兰计划得到 NZUs，类似于再造林项目。对第一种森林所有者来说，需要参与永久性森林碳汇倡议（Permanent Forest Sink Initiative，PFSI）。PFSI 项目进入国家土地所有权管理机构登记，以保证森林永久存续。这些项目有权利在 50 年后终止，但必须退还以前分配的全部森林碳汇量。2016 年，新西兰政府签发了 850 万吨 CO_2e 林业类 NZUs（自 2010 年以来，共签发了 9520 万吨 CO_2e 林业类 NZUs）和 20 万吨 CO_2e 林业类 PFSI NZUs（自 2013 年以来共签发 70 万吨 CO_2e 林业类 PFSI NZUs）。

在森林碳汇交易方面，虽然签发方面新西兰森林碳汇受便宜的国际抵消项目影响较少，但其成交量受影响则较大，2014 年的时候，林业类的 NZUs 仅成交 40 万吨 CO_2e，成交额约为 210 万美元。从 2015 年开始，由于国际抵消项目不进入新西兰市场，所以成交量上升到了 130 万吨 CO_2e，成交额也增加到了 1000 万美元。

在整个全球森林碳汇市场，NZUs 一直保持着最高价格。然而到 2011 年，因为国内森林碳汇价格上限是在政府规定最高价 25 新元/吨 CO_2e（19

美元/吨 CO_2e)和核证减排量(CER)价格之间选其最低的，新西兰森林碳汇已越来越受《京都议定书》下产生的 CERs 价格影响。2010 年 CERs 价格为 20~27 新元/吨 CO_2e(14.5~18.5 美元/吨 CO_2e)。在 2011 年 CERs 的价格波动下，NZUs 也从 25 新元/吨 CO_2e(美元 19/tCO_2e)下滑到 13.5 新元/吨 CO_2e(9.8 美元/吨 CO_2e)。国际 CERs 的价格下降，使得国内市场的价格被迫下降。2010 年底以来的第二次下降达到 NZUs 价格范围的下限，很多廉价 CERs 对国内森林碳汇交易产生了很强的冲击，致使其价格下降到了最低 0.8 新元/吨 CO_2e。因为森林碳汇生产有一个较长的盈利周期，项目卖方也不会接受这么低的价格出售碳汇，会等到价格达到一个可接受的范围再出售。由于新西兰不属于《京都议定书》第二个履约期的一部分，因此该国从 2015 年开始禁止使用国际碳抵消(如 CERs 等)。此后，新西兰国内包括森林碳汇在内的碳抵消的价格一直上涨，到 2016 年时已达到了14.3 新元/吨 CO_2e。

1.1.4.2 澳大利亚森林碳汇交易现状

澳大利亚在采取应对气候变化的市场机制时，最早采用的是碳税的方式。2014 年 7 月，澳大利亚废除了碳税的政策。2014 年 12 月，澳大利亚成立了澳大利亚减排基金(Australia's Emissions Reduction Fund，ERF)。相对于其他强制减排市场而言，澳大利亚的这一机制非常独特，且同时还在不断演进。通过 ERF，澳大利亚政府可以通过反向拍卖的方式购买抵消额，即首先购买价格最低的抵消额。截至 2016 年底，大部分的资金(约合16.3 亿美元)都分配在了最初的五次拍卖。由于在 2017 年澳大利亚政府的预算提案中，没有为 ERF 提供任何额外的资金，因此导致当时社会对这一计划的未来产生了质疑。政府部门还于 2016 年 7 月向 ERF 引入了保障机制，这可能会将 ERF 最终转为传统的排放交易机制。该机制将澳大利亚排放最严重的企业(每年排放超过 10 万吨 CO_2e)纳入减排计划，各企业排放的上限设定为 2009 年至 2014 年之间的年度最高排放量。该机制要求，如果排放量超过了这一上限，那么控排企业必须购买本国的抵消额。

林业和土地利用为代表的森林碳汇项目已通过 ERF 赢得了大部分拍卖融资，获得了近 11.7 亿美元。2015 年，森林碳汇类的项目交易量为 6070 万吨 CO_2e，交易额为 5.9 亿美元。在 2016 年，政府就为来自新造林和减少草原燃烧项目获得的 6880 万吨 CO_2e 支付了 5.1 亿美元。在 2016 年 4 月和 11 月的拍卖中,森林碳汇项目交易的平均价格分别为 7.3 美元/吨 CO_2e 和 7.6 美元/吨 CO_2e。

截至 2017 年 10 月,澳大利亚的林业和土地利用项目已签发了 1960 万吨 CO_2e 的抵消额(自 2012 年以来)。在此期间,已经出售的抵消额度为 1750 万吨 CO_2e。澳大利亚政府的做法与大多数合规市场大不相同,包括加利福尼亚州。在澳大利亚,所有合同都是针对已经实现的减排量,并导致碳抵消额的立即转移。而在加州,抵消额受到可用供应量的限制。

同时,澳大利亚的新南威尔士州也开展了新南威尔士州减排计划(NSW GGAS)。这一计划是新南威尔士州政府直接参与气候变化通过的政策,该计划具有规范性的温室气体减排活动,要求新南威尔士州境内的电力业和大型能源消费部门,如钢铁制造业,造纸业等,购买新南威尔士温室气体减排凭证(NGACs),以弥补该公司的部分温室气体排放。成员通过购买 NGACs 抵消超额排放。该计划将结算各企业温室气体排放量,如果排放量高于规范标准且未购买足够的 NGACs 予以抵消,则该公司将会受到处罚,每吨 CO_2e 的罚金为 10.50 美元。NGACs 减少了电网提供电力的温室气体排放强度,减少了用电或现场工业温室气体排放量,增加了造林和再造林项目。另外,新南威尔士州有独立定价和管理法庭(IPART)管理注册表并记录减排项目证书的发放和使用。

GGAS 不接受澳大利亚境外碳汇如国际核证的减排单位(ERUs),或已核实的减排量(CERs)。有资格的森林碳汇项目必须在新南威尔士州内,且满足森林活动和土地的资格框架在《京都议定书》中的规定(如 AR 项目等)。森林碳汇供应商承诺维持 100 年的固碳量,项目可以使用包括国家碳汇核算在内的各种方法,森林碳汇供应商(即卖方)负有保持森林碳汇持续有效性的责任。

在森林碳汇交易方面,截至 2010 年,森林项目累计产生碳汇总额不到 GGAS 总量的 3%,仅五个森林碳汇项目通过审核。虽然绝大多数 GGAS 交易是强制驱动,NGACs 也可以自愿交易。森林碳汇自愿交易量从 2008 年的 31920 吨 CO_2e 下降到 2009 年 3801 吨 CO_2e,市场占有率也从 2008 年的 17%下降到 2009 年的 0.5%。森林碳汇在澳大利亚交易市场处于低迷状态。

1.2 国内森林碳汇市场交易现状

1.2.1 国家温室气体自愿减排框架下的森林碳汇项目

中国政府提出，二氧化碳排放力争于 2030 年前达到峰值，努力争取 2060 年前实现碳中和的目标。国家发展改革委在 2011 年发布了《关于开展碳排放权交易试点工作的通知》，决定在北京、上海、深圳、重庆、天津、湖北省和广东省七省市开展碳排放交易试点，并取得了积极进展。中央财经大学绿色金融国际研究院以及各试点碳市场发布的相关数据表明，相比于 2019 年，2020 年试点碳市场总成交量降幅较大，但试点成交价格普遍提高，因此成交额出现小幅增长，具体数据见表 1-2。

表 1-2　试点七省市 2019—2020 碳排放配额成交情况

试点碳市场	总成交量（万吨）		总成交额（万元）		成交均价（元/吨）	
	2020 年	2019 年	2020 年	2019 年	2020 年	2019 年
深圳	124	842	2464	9129	19.88	10.84
上海	184	264	7354	10996	39.96	41.65
北京	104	307	9507	25562	91.81	83.26
广东	3211	4538	81961	85426	25.52	18.82
天津	574	62	14865	869	25.88	14.02
湖北	1428	614	39557	18108	27.7	29.49
重庆	16	5	348	36	21.46	7.20
总计	5641	6632	156056	150126	27.66	22.64

注：数据来源于 WIND*、中央财经大学绿色金融国际研究院。

为保障自愿减排交易活动有序开展，国家发展改革委在 2012 年发布了《温室气体自愿减排交易管理暂行办法》，对国内温室气体自愿减排项目等 5 个事项实施备案管理。2017 年 3 月，国家发展改革委发布了第 2 号公告。该公告指出，《温室气体自愿减排交易管理暂行办法》（以下简称《暂行办法》）施行以来，对提高自愿减排交易的公正性，调动全社会自觉参与碳减排活动的积极性发挥了重要作用。同时，在《暂行办法》施行中也存在着温

---

　　*　注：WIND 是金融数据和分析工具服务商。

室气体自愿减排交易量小、个别项目不够规范等问题。因此，为进一步完善和规范温室气体自愿减排交易，促进绿色低碳发展，按照简政放权、放管结合、优化服务的要求，国家发展改革委暂缓受理温室气体自愿减排交易方法学、项目、减排量、审定与核证机构、交易机构备案申请。待《暂行办法》修订完成并发布后，将依据新办法受理相关申请。截至 2020 年底，在中国自愿减排交易信息平台上未有新的项目进行审定与备案。自《暂行办法》实施以来，通过审核的林业类自愿减排方法学一共有四类，分别是碳汇造林项目方法学、竹子造林碳汇项目方法学、森林经营碳汇项目方法学与小规模非煤矿区生态修复方法学。2011 年，广东长隆碳汇造林项目在河源和梅州的宜林荒山实施。2014 年 7 月 21 日，长隆项目通过国家发展改革委的审核并获得备案，成为全国首个进入碳汇市场交易的林业中国自愿核证减排（China Certified Emission Reduction, CCER）项目。2015 年 5 月，该项目成为国内第一个获得国家发展改革改委签发的林业 CCER 项目。之后该项目业主与广东粤电环保有限公司签订协议，实现 5208 吨的交易碳排放量，完成国内购买林业 CCER 的首笔交易。截至 2020 年底，中国自愿减排交易信息平台上公布的已审定林业类项目共有 95 个，总面积为 250.3万公顷，在项目期内，预计的总的固碳量为 5.1 亿吨二氧化碳。在试点的七省市中，北京市碳排放权交易所有森林碳汇交易的报道。根据《北京碳市场年度报告 2018》，2018 年北京市碳市场已成交的林业碳汇的平均价格为 22.68 元/吨。

在此基础上，在 2021 年 1 月，全国碳市场首个履约周期正式启动，涉及发电行业的重点排放单位 2225 家。2021 年 2 月 1 日起，生态环境部颁布的《碳排放权交易管理办法（试行）》正式施行，这标志着全国碳市场的建设和发展进入了新阶段。根据该《管理办法》，列入温室气体重点排放单位名录的包括属于全国碳排放权交易市场覆盖行业，以及年度温室气体排放量达到 2.6 万吨 CO_2e 的企业。该办法也明确，重点排放单位每年可以使用国家核证自愿减排量抵销碳排放配额的清缴，抵销比例不得超过应清缴碳排放配额的 5%。七个碳排放交易试点省市出台的交易管理办法中，也明确可以使用抵消机制，森林碳汇项目就通过抵消机制的方式参与市场交易中。

1.2.2 广东省林业碳普惠交易现状

林业碳普惠制是一种生态保护的创新机制。广东省开展林业碳普惠试点，是通过搭建林业碳普惠交易平台并使之与碳排放权交易平台对接，从而实现林业碳普惠核证减排量可以抵消省内控排企业碳排放量配额。因此形成了高排放、高耗能地区对经济欠发达地区(具备生态资源优势)的市场化长效补偿机制。同时，广东省还在碳普惠交易平台上积极探索非控排企业及个人购买林业碳汇的方式，并通过鼓励社会公众购买碳汇或捐资造林来积极履行社会责任，从而实现山区贫困人民和社会大众的扶贫公益相对接。广东林业碳普惠交易机制作为生态补偿机制的一种有益补充，不仅为项目经营者带来短期稳定的收益，还解决了林业生产周期长、资金回收慢以及风险性较高等问题，有助于缓解山区贫困，为新时期农村生态扶贫提供动力，因而具有生态、社会和经济等多重效益。广东林业碳普惠交易机制是一种以绿色低碳发展促进生态文明建设的有益尝试，也是一种以绿色低碳发展探索生态扶贫的新模式。

广东省林业碳普惠项目减排量的开发流程与国家温室气体自愿减排交易的开发类似。自愿参与碳普惠试点的项目业主向具备资质的开发机构申请，开发机构对其林业碳普惠减排量进行计量与检测并出具报告，业主根据报告提出备案申请和碳普惠减排量申请，由地市级生态环境局进行审核后提交给省生态环境厅审核，并由其做出终审。省生态环境厅批复省级碳普惠减排量并委托碳排放权交易所对碳普惠减排进行交易，碳排放权交易所发布交易信息并进行登记，有关企业按照"价格优先，时间优先"的交易规则进行竞价，竞拍成功后企业履约付款，项目业主获得碳汇收益。

表1-3为广东省林业碳普惠交易情况。从表1-3可以看出，自2017年以来，已成交的广东省林业碳普惠项目共11项，总的成交量为703482吨，成交均价为21.57元/吨。2018年共成交了6项，其中，5项属于林场碳普惠项目，1项属于贫困县林业碳普惠项目，贫困县林业碳普惠项目成交量约等于5项林场碳普惠项目总成交量(共计156317吨)的一倍。而且2019年成交的韶关市林业碳普惠项目也是贫困村碳普惠项目，其成交量为196643吨，这些都说明贫困村林业碳普惠供给量大。森林碳汇项目的实施不仅为边远贫困地区农户带来了经济收入、就业机会以及新技术，还为其

突破资源陷阱提供了外部资源,调动了内部资源以及吸引了政策资源,这是落后贫困地区(具备森林资源优势)借助森林碳汇项目提升自我发展能力的关键。因此,使其参与到碳汇市场中不仅有利于将生态效益转化为经济效益,提高贫困村的经济生活水平,还能够通过经济水平的提高来反哺林业生产,提供更多的碳汇量。从整体来看,成交价格不断上涨。从广东省东江林场、韶关市翁源县、河源市国有桂山林场、广东省新丰江林场等碳普惠项目可以看出,其成交量和价格都在不断上升。2019 年,总共只成交了一个项目,项目数与成交量较 2018 年减少较多,这可能是因为主管部门的变化导致的。2019 年 5 月,广东省生态环境厅替代省发改委接管碳普惠核证减排量的备案申请以及申请流程、交易规则等。虽然主管部门发生了变化,但这并不影响森林碳普惠交易的未来发展。

表1-3 广东省 2017—2020 年林业碳普惠项目成交情况

年份	成交项目	购买方	成交量(吨)	成交价(元/吨)
2017	国营刘张家山林场林业碳普惠森林保护项目	微碳(广州)低碳科技有限公司	26284	14.71
	国营刘张家山林场林业碳普惠森林经营项目	杭州超腾能源技术股份有限公司	11328	14.75
2018	广东省东江林场林业碳普惠森林保护项目	微碳(广州)低碳科技有限公司	34254	
	广东省东江林场林业碳普惠森林经营项目	微碳(广州)低碳科技有限公司	27161	
	韶关市翁源县等 4 县(市)36 省定贫困村及少数民族县村林业碳普惠项目	微碳(广州)低碳科技有限公司、国泰君安证券股份有限公司等	307805	
	广州市花都区梯面林场林业碳普惠项目	—	13319	
	河源市国有桂山林场森林保护项目	—	40024	
	国营广东省新丰江林场碳普惠项目	—	41559	

（续）

年份	成交项目	购买方	成交量 （吨）	成交价 （元/吨）
2019	韶关市始兴县等3县（市、区）24个省定贫困村林业碳普惠项目	—	196643	32.02
2020	清远市英德市横石塘镇前锋村林业碳普惠项目	—	1448	36
	清远市英德市横石塘镇龙华村林业碳普惠项目	—	3657	36
合计			703482	21.57

注：数据来源于广州碳排放权交易所，见 http://www.cnemission.com/，数据截至2020年7月20日；"—"表示未公示。

1.3 国内外森林碳汇市场比较分析

1.3.1 市场供需关系分析

在森林碳汇的市场供求中，除了北美和大洋洲外，其他地区供需不平衡。森林碳汇市场需求主要来自强制减排地区，特别是欧洲、北美和大洋洲，2010年的数据表明此地区的森林碳汇需求量约占总需求的59%，可见强制减排会强化地区森林碳汇需求。森林碳汇的供给主要来自拉丁美洲的亚马孙河地区，约占58%，可见供给量与当地的自然地理优势有关。亚洲和非洲森林碳汇市场供给量大于需求量且市场规模较小，发展潜力较大。此外，森林碳汇交易倾向于在本地发生，在本地区购买碳汇的趋势日益明显。北美买家是本地项目的主要需求方，其森林碳汇市场供应能满足87.5%的需求量；大洋洲买家则只购买本地项目产生的森林碳汇；亚洲和拉丁美洲市场基本类似。我国森林碳汇市场同样也存在供需不平衡。注册在CDM市场上的森林碳汇项目基本依靠国外强制排放市场的需求，森林碳汇项目多为双边合作项目，国际市场影响力不大。自愿碳汇交易市场存在供给量大，而需求量少的情况。国内试点强制碳交易市场的森林碳汇交易需求也主要来源于各地区的本地项目。因此，我国应该在强制碳减排政策中增加森林碳汇需求，使森林碳汇国内供需平衡，加强国际市场影响力。

1.3.2 市场发育程度分析

森林碳汇市场发育程度主要考虑森林碳汇市场场内交易量和二级市场交易量，两者的市场份额越高，市场发育程度就越高。

森林碳汇场外交易市场虽然灵活，但仍需规范化。森林碳汇市场场内交易没有占主要的市场份额，可能有以下几点原因：一是森林碳汇产品种类不够丰富，没有满足买家需求；二是买家在场内寻找合适森林碳汇商品的成本比场外直接一对一交易的成本高；三是森林碳汇特有的监测和认证成本较高，风险较大。但预计随着市场发展的不断成熟，场内交易将会占主导地位，场外交易则起到补充的作用。在全球碳市场上，二级市场比初级市场能够通过提供流动性和价格发现功能更地的为最终用户服务。但森林碳汇交易主要在一级市场，二级市场历来非常小，例如在 2007 年的交易中，二级市场不如初级市场大小的 15%。然而，二级市场还是在快速发展。在 2010 年，有 1140 万吨 CO_2e 近 40% 的碳汇签订合同进入二级市场签约销售，估计在未来几年内成功交付，二级市场碳汇交易量将增大，从而提高二级市场交易者的信心。

国内的森林碳汇交易在市场发育过程中面临着更大困难。近几年国内相关地方环境能源交易所挂牌交易的 CDM 项目的买家主要来自国外，大量的碳汇交易没有经过市场程序就出售。森林碳汇一级市场还处于萌芽状态且没有二级市场。国内买家主要来自自愿减排企业机构，尤其推动森林碳汇交易的组织往往需要通过游说、募捐等方式才能推进碳汇造林项目的实施。这些项目很有可能是买家付款在先，造林在后。

1.3.3 认证标准建设程度分析

森林碳汇认证是以缓解气候变化、减少温室气体(Greenhouse Gases，GHG)排放、增加森林碳汇为目的，对造林再造林项目、土地利用变化以及减少毁林所减少排放的温室气体排放量进行认证与核查。国际森林碳汇认证标准现有 13 个(见表 1-4)，新标准逐渐增多，也带动了森林碳汇供给量的上升。第三方认证也显得越来越重要。森林碳汇交易普遍采用核证碳标准(Verified Carbon Standard，VCS)，占到市场交易份额的一半以上。除了以前标准之外，新标准逐渐增多，各地区纷纷寻找适合本地区的生产森林碳汇方法，并建立认证标准。森林碳汇交易的现实表明，越来越多的市场要求森林碳汇项目需要第三方认证，否则难以找到买家。第三方认证可以降低开发商的负担，有利于市场监督，是森林碳汇市场对森林碳汇产品标准化的要求，也是市场趋于成熟的标志。森林碳汇项目能否顺利进入森林碳汇交易体系，并能否产生相应的减排效果，都需要第三方验证核实并提供书面证明。运用市场机制对森林碳汇项目进行认证可以大大调动市场的资源优势，发挥森林的多种功能，促进森林的可持续经营，为森林碳汇市场化机制的建立提供科学的决策支持。

表 1-4 森林碳汇项目认证标准概况

中文名称	英文名称	主要支持者	额外性	占比（%）
核证碳标准	Verified Carbon Standard（VCS）	碳交易商	=	53.8
巴西马塔万岁标准	Brazil Mata Viva（BMV）Standard	巴西政府	+	13.1
国际膳食顾问协会标准	Foodservice Consultants Society International（FCSI）Standard	独立专业餐饮咨询顾问团体成员	+	8.2
清洁发展机制标准	Clean Development Mechanism（CDM）Standard	联合国气候变化框架公约参加方	=	5.4
气候行动储备标准	Climate Action Reserve（CAR）Standard	美国加州气候行动注册机制委员会	=	4.4
澳大利亚新南威尔士温室气体交易市场标准	NSW Greenhouse Gas Abatement Scheme（NSW GGAS）Standard	澳大利亚政府	=	3.9
美国碳注册标准	American Carbon Registry（ACR）Standard	美国的非营利组织	+	3.4
ISO 基础标准	ISO14064	国际标准化组织	–	3.3
气候、社区和生物多样性联盟标准	Climate Community and Biodiversity Alliance（CCBA）Standard	非政府环境组织	+	0.7
生存计划标准	Plan Vivo Standard	环境和社会非政府组织	=	0.6
芝加哥气候交易所补偿计划标准	Chicago Climate Exchange（CCX）Offsets Program	CCX 会员和碳交易商	–	0.5
CarbonFix 标准	CarbonFix Standard（CFS）	CarbonFix 组织的 60 多个成员	–	0.1
内部自定标准	Internal Standard	内部	–	0.6
其他(市场份额极少的总和)				2.0

注：额外性一栏中，"+"表示该标准对额外性的要求比 CDM 标准高，"–"表示比 CDM 标准低，"="表示与 CDM 标准一致。

我国在森林碳汇标准方面的贡献较少，熊猫标准试点项目的森林碳汇交易量较少，对国际市场的影响力度小。由于我国各地区自然环境不同，森林碳汇标准的单一性可能造成森林碳汇潜力得不到开发，影响森林碳汇供给。目前，我国已有 10 多家机构具备国家林业管理部门颁发的森林碳汇计量与监测资质，但相关的交易政策还未出台，认证、注册的相关规定也正在制定、完善中。其认证项目规模小，认证范围有限，认证经验和国外机构还存在差距。

第 2 章　森林碳汇供给与需求分析

2.1　森林碳汇的发展

大气中温室气体浓度增加导致的气候变化在 20 世纪末逐渐开始引起人们的关注，气候变化对人类生存与社会经济的可持续发展带来了严重的威胁。虽然 Sedjo 与 Solomon(1989)早就证明了森林是减缓气候变化的一种具备成本优势的方式，但森林碳汇成为减缓气候变化的一种重要方式受到全球认可是一个逐步发展的过程。

1988 年，世界气象组织(World Meteorological Organization，WMO)与联合国环境规划署(United Nations Environment Program，UNEP)联合成立了政府间气候变化专门委员会 (Intergovernmental Panel on Climate Change，IPCC)，它成立的目的是在全面、客观、开放与透明的基础上，对于科学地理解人类导致的气候变化的风险及其潜在的影响以及适应与减缓的策略相关的科学、技术与社会经济信息进行综合评估。1990 年，IPCC 发布的第一次综合评估报告确认了气候变化的科学基础，促使联合国在 1992 年巴西里约热内卢召开的联合国环境与发展大会上，签署了《联合国气候变化框架公约》(United Nations Framework Convention on Climate Change，UNFC-CC)。1997 年，在 UNFCCC 第三次缔约方大会上，通过了《京都议定书》，为 41 个工业化国家(附件一国家)制定了具备法律效力的温室气体减排目标，规定在 2008—2012 年间，附件一国家的温室气体排放量在 1990 年的基础上平均削减5%。《京都议定书》共规定了三种履约机制，包括联合履约、排放贸易与清洁发展机制。清洁发展机制允许附件一国家通过在发展中国家的项目活动获得核证减排量(Certified Emission Reduction，CER)，用于履行其承诺的温室气体减排目标。2001 年 7 月，在波恩举行的第六次缔约方大会第二次会议中，通过了可利用碳汇减排目标的上限。同年 10 月，在马拉喀什举行的第七次缔约方大会达成了《马拉喀什协定》，其中的第 17 号决议规定，在第 I 承诺期，土地利用变化与林业的 CDM 项目仅限于造林和在造林项目活动。2003 年 12 月，在米兰举行的第九次缔约方大会通过的 19 号决议，通过了 CDM 造林再造林项目的方式与标准，森林碳汇作为减缓气候变化的方式在全球范围内被正式确立。

中国在 2003 年与 2005 年成立了碳汇管理办公室与国家气候变化对策协调小组办公室，并颁布了《清洁发展机制项目运行管理办法》。2006 年 11 月，广西珠江流域治理再造林项目获得了联合国清洁发展机制执行理事会的批准，注册为全球第一个林业碳汇项目。之后，内蒙古与四川都开发了按照清洁发展机制规定的森林碳汇项目。2010 年，国家林业局同时颁布了《碳汇造林技术规定（试行）》与《碳汇造林检查验收办法（试行）》。在《碳汇造林技术规定（试行）》中指出，碳汇造林是指在确定了基线的土地上，以增加碳汇为主要目的，并对造林及其林分（木）生长过程实施碳汇计量和监测而开展的有特殊要求的营造林活动。

2.2　森林碳汇供给的不同类型

当前中国以增加森林碳汇应对气候变化为目的碳汇造林活动依据其资金来源与管理方法，可分为四类（表 2-1）。第一类是以中国政府为投资主体，林业活动的目标是为了应对气候变化，这些森林中有一部分是按照国家林业局颁布的《碳汇造林技术规定（试行）》实施的。第二类是由社会捐资，非政府组织作为投资主体，主要目的是为了应对气候变化与提高当地林农的收益；这类森林主要按照 CDM 的造林方法学建设。第三类是由发达国家即《京都议定书》规定的附件一国家与一些国外机构投资，按照 CDM 方法学建设，主要是为了满足发达国家的减排目标以及通过国际碳市场获得投资收益。最后一种是由中国的企业或机构投资，按照温室气体自愿减排协议通过的方法学建设或管理的森林；对于参与的企业或机构而言，主要是为了从中国的碳交易市场中获得碳收益。

表 2-1　森林碳汇的不同供给主体

类别	投资者	建设/管理方法
第一类	中国政府	普通造林/碳汇造林规定
第二类	非政府组织	CDM 造林方法学或国家发展改革委颁布的温室气体自愿减排方法学
第三类	发达国家的政府或机构	CDM 造林方法学
第四类	中国的企业或机构	国家发展改革委颁布的温室气体自愿减排方法学

2.2.1　非政府组织供给的森林碳汇项目

　　森林碳汇的自愿供给是指非政府组织或其他机构不以盈利为目的，自愿参与供给森林碳汇的活动。在森林碳汇的自愿供给中，非政府组织是最大的供给主体，中国绿色碳基金是第一个以增加森林碳汇为主要目的的非政府组织。2007 年 7 月，国家林业局联合中国石油天然气集团公司、中国绿化基金会、美国大自然保护协会、保护国际与嘉汉林业(中国)投资有限公司等联合成立了中国绿色碳基金。该基金是中国绿化基金会的专项基金，先期由中国石油天然气集团捐资 3 亿元人民币，专用于开展旨在以增加森林碳汇为目的的造林再造林与森林管理活动。

　　2008 年，中国绿色碳基金先后在浙江、北京、广东等地与当地林业局合作开展了碳汇造林项目。2010 年，经国务院批准，在原绿色碳基金的基础上，成立了中国绿色碳汇基金会，是中国首家以增汇减排、应对气候变化为主要目标的全国性公募基金会。在中国绿色碳汇基金会的推动下，其他省份也陆续成立了碳汇基金，如山西碳汇基金、浙江碳汇基金、广东碳汇基金等。

　　中国绿色碳汇基金会公开接受社会的捐赠凑集资金，截至 2014 年底，中国绿色碳汇基金会已获得国内外捐款 5 亿元人民币。中国绿色碳汇基金会 2010—2013 年的资金来源情况如表 2-2 所示，企业或机构捐赠是目前基金会的主要资金来源(占 99%)。在全国 20 多个省(自治区、直辖市)营造和参与管理碳汇林 120 多万亩，并在全国部署 66 片个人捐资与义务植树碳汇造林基地①。碳汇基金会等的主要功能是筹集森林碳汇供给的资金，但

---

　　①　资料来源于 http://www.thjj.org/about.html

在造林时，由于一般基金会都是与当地林业局合作，因此都是交由当地的林业部门来完成。通过在广东省汕头市与龙川县的碳汇林项目调研发现，造林一般都是通过当地林业局公开招标，由具有造林资质的企业来完成，管护一般是林业部门或林业部门雇人来看护。

表 2-3 是中国绿色基金会公布的已实施的主要碳汇造林项目，从中可以看出，在中国绿色碳汇基金会投资的碳汇造林项目中，造林规模普遍较小。规模最大的为青海省的造林项目，为 20512 亩（约 1367 公顷），最小的为浙江临安毛竹林碳汇项目，为 700 亩（约 47 公顷）。此外，碳汇造林项目一般以清洁发展机制的项目方法学为依据，在造林时对林地基线进行测量，造林后对森林碳汇进行监测与计量，造林主体既有林场职工或林农，也有符合资质的造林企业或工程队。除了造林再造林项目以外，增加森林碳汇的经营活动还包括抚育等管理措施。

表 2-2　2010—2013 年中国绿色碳汇基金会资金来源（单位：万元）

年份	总捐助	自然人	企业或其他组织
2010	8003	0	8003
2011	6109	121	5988
2012	11492	70	11422
2013	9276	86	9190
总计	34880	277	34603

表 2-3　中国绿色碳汇基金会已实施的主要碳汇造林项目①

项目建设地	面积 （公顷）	建设时间 （年）	项目期限 （年）	预期固碳量 （吨 CO_2）
北京房山区	133	2007	20	6495
浙江临安市	47	2008	20	8155
广东龙川县	200	2008	20	57254
广东汕头市	200	2008	20	60610
甘肃定西市	133	2008	20	4300

---

① 资料来源：中国绿色碳汇基金会 http：//www.thjj.org/act-1.html 华东林业产权交易所 http：//www.hdlqjy.com/carbon.aspx

（续）

项目建设地	面积 （公顷）	建设时间 （年）	项目期限 （年）	预期固碳量 （吨 CO_2）
甘肃庆阳市	133	2008	20	11757
广东梅州市	867	2011	20	347292
黑龙江伊春	62	2012	30	6022
青海省	1367	2012	30	205800
广东龙川县	267	2014	20	100000
总计	3409			807685

2.2.2 政府直接投资的森林碳汇项目

政府直接投资的森林碳汇项目是指政府通过税收的方式凑集资金，再通过财政支付的方式，直接参与到森林碳汇的供给当中。2010 年，国家林业局在云南、山西、陕西、浙江、内蒙古与广西六个省份启动了碳汇造林试点，计划建设 11000 公顷的碳汇林，造林资金来自国家林业局的国家重点生态工程项目资金以及社会的捐助。截至 2013 年底，碳汇林试点项目已经扩展到 18 个省份，共完成碳汇林工程 20000 公顷。

为了完成中国政府提出的森林应对气候变化的目标，增加森林碳汇，地方政府也开始积极提出增汇目标，广东省是第一个专门提出以增加森林碳汇为目标实施碳汇项目的省份。至 2019 年底，广东省林业森林面积达 1052.41 万公顷，森林蓄积量达 5.79 亿立方米，森林覆盖率达 58.61%，林业总产值为 8416 亿元。广东省林业厅在 2012 年公布了《广东省森林碳汇重点生态工程建设项目实施方案（2012—2015 年）》。方案提出，从 2012 年开始启动实施森林碳汇重点生态工程，利用 4 年的时间，消灭广东省尚存的 501.73 万亩宜林荒山荒地，并对 87.81 万亩的疏残林（残次林）、低效纯松林和低效（或布局不合理）桉树林改造。在五年的建设期内，共需建设 1490 万亩，其中人工造林 402 万亩，套种补植 335 万亩，更新造林 252 万亩，封山育林 501 万亩。在此基础上，广东省政府在 2013 年颁布了《关于全面推进新一轮绿化广东大行动的决定》，提出到 2015 年，森林面积达到 1.6 亿亩，森林蓄积量达到 5.51 亿立方米，森林碳汇量达到 11.52 亿吨；到 2017 年，森林面积达到 1.63 亿亩，森林蓄积量达到 6.20 亿立方米，森林碳汇量达到 12.89 亿吨。

根据森林碳汇重点生态工程的实施方案，人工造林的直接投资标准为 700 元/亩，套种补植与更新改造直接投资标准为 600 元/亩，封山育林直接投资标准为 50 元/亩。按此标准概算，广东省森林碳汇重点生态工程建设总投资需 66.5 亿元，其中直接投资 65.8 亿元，碳汇计量与检测费用 0.7 亿元。从资金来源看，主要来自中央财政补助资金、省级财政补助资金(用于承担建设单位的种苗、基肥、追肥与劳务等支出)、市县级自筹资金与社会造林资金四方面。

森林碳汇供给资金的来源确定以后，其生产根据不同的土地权属存在不同的生产方式。对于土地归国家所有的林地，包括各级林场或森林公园，森林碳汇的生产主要由林场或森林公园的造林部门进行。由于其土地属于国有，林地的经营权一般是属于所在的林场或森林公园，因此投资主要用于造林生产。对于归集体所有的林地，其生产将由各地的林业部门通过公开招投标的形式，寻找有造林资质的企业进行生产。通过对广东省龙川、和平与五华县等地森林碳汇重点生态工程的调研，发现政府直接投资的森林碳汇生产过程如下：每年年初或上年年末，各地的林业局制定出新一年的造林计划，并上报上一级林业部门。上一级部门汇总地级市的造林计划后，通过统一的招投标平台，筛选符合资质的造林企业，最后以竞价或摇号的方式选择造林企业进行生产。获得森林碳汇生产资格的造林企业，在每年的 4—6 月份开始造林。造林企业在林业部门划定的标段开始整地、挖穴、施肥、造林与抚育等所有工序后，由林业部门或其聘请的第三方机构对造林工作进行监督与验收。造林的林地虽然属于集体所有，但集体林权制度改革后，林农拥有了林地的承包经营权。林业部门虽然将造林行为告知了林地所在的村集体，林农可以获得林地上的林木，但其造林树种、造林方案等并未与林农协商。

2.2.3 CDM 框架下的森林碳汇项目

2003 年的联合国气候变化框架公约第 9 次缔约方大方决定，接受造林再造林项目作为 CDM 机制下的履约项目，允许在《京都议定书》第一承诺期(2008—2012 年)使用。在 CDM 框架下实施的森林碳汇项目，需要遵循一系列的开发流程，因此普遍需要的时间较长，具体的流程如图 2-1。

自2006年，中国注册了第一个CDM林业项目开始，截至2020年12月底，共有5个项目在CDM得到注册(表2-4)。目前已经注册的森林碳汇项目，总的造林面积为19281公顷，预期减排量约为439万吨二氧化碳。广西珠江流域再造林项目作为第一个注册并获得CER签发的林业项目，是由西班牙与意大利政府投资220万美金购买项目30年产生的减排量，用于两国履行减排承诺。根据其项目设计文件规定，在具体森林种植过程中，其规定的林农参与方式包括三种：

第一，有一定经济实力的林农可自己筹集资金承包集体所有的土地，开展造林活动，林产品与碳汇的销售收入全部归该农户所有。

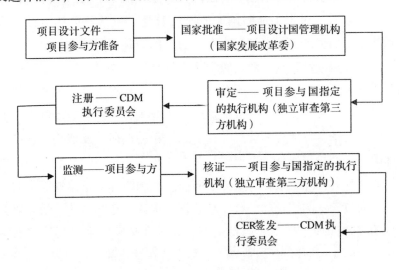

图2-1　CDM项目流程图①

第二，农户小组造林，由多个农户自愿联合凑集资金，承包土地开展造林，林产品与碳汇的销售收入全部归参与承包的农户所有。

第三，农户(村集体)与林场(公司)合作造林，即由农户(集体)提供土地，林场(公司)投资造林，林产品与碳汇的收益由两者协商。

---

① CDM项目开发流程，见 https://cdm.unfccc.int/Projects/diagram.html

表 2-4　中国已在 CDM 注册的造林再造林项目(截至 2020 年底)①

项目名称	注册时间 (年)	计入期 (年)	面积 (公顷)	预期减排量 (吨 CO_2)
广西珠江流域再造林	2006	30	2000	773842
四川西北部荒地造林再造林	2009	20	2252	460603
广西西北部退化土地再造林	2010	20	8671	1746158
内蒙古锡林郭勒退化生态区再造林	2013	30	2191	201759
四川西南部退化土地造林再造林	2013	30	4197	1206435
总计			19281	4388797

2.2.4　国家温室气体自愿减排框架下的森林碳汇项目

为了利用市场工具完成中国提出的减排目标,国家发展改革委在 2011 年发布了《关于开展碳排放权交易试点工作的通知》,决定在北京、上海、深圳、重庆、天津、湖北省与广东省七省市开展碳排放交易试点。为培育碳减排意识,保障自愿减排交易活动有序开展,国家发展改革委在 2012 年发布了《温室气体自愿减排交易管理暂行办法》。以 CDM 的项目管理办法为参考,中国的温室气体自愿减排交易项目也是相同的开发流程,只是审批机构是国家发展改革委。目前,通过国家发展改革委审核的林业类自愿减排方法学一共五类,分别是《碳汇造林项目方法学》、《竹子造林碳汇项目方法学》、《森林经营碳汇项目方法学》、《小规模非煤矿区生态修复方法学》和《竹林经营碳汇项目方法学》。与 CDM 项目不同的是,除了造林再造林项目的方法学以外,自源减排量(Voluntary Emission Reduction, VER)还包括森林经营类项目方法学,意味着在有林地上进行符合项目要求的林业活动增加的森林碳汇也可参加自愿减排交易。2017 年 3 月,国家发展改革会发布了 2017 年第 2 号公告,宣布正在组织修订新的《温室气体自愿减排交易管理暂行办法》,即日起,暂缓受理温室气体自愿减排交易方法学、项目、减排量、审定与核证机构、交易机构备案申请。自 2013 年 12 月广东省长隆碳汇造林项目成为第一个审定的林业类项目以来,截至 2017 年 3 月,在中国自愿减排交易信息平台审定的项目为 2871 个,其中,96 个为

---

① 来源:https://cdm.unfccc.int/Projects/projsearch.html

森林碳汇类项目。这 96 个项目涉及的林地面积为 251.7 万公顷，其中面积最大的为采用森林经营方法学的项目，共占 295227 公顷，位于吉林省。根据各项目的项目设计文件，在规定的项目期内，预期固定的碳汇总量为 5.1 亿吨 CO_2（表 2-5）。

表 2-5　中国自愿交易信息平台上公布的已审定林业类项目

方法学类型	项目数	项目期限 （年）	面积 （公顷）	预期减排量 （吨 CO_2）
碳汇造林	64	20~60	626868	165845458
森林经营	25	60	1836726	324951769
竹子造林	2	20	29041	4512370
小规模非煤矿区生态修复	1	60	595	44409
竹林经营碳汇项目	3		23623	16332466
合计	96		2516853	511686472

这些森林碳汇项目虽然主要都是在 2015 年以来在自愿减排信息平台审定的新项目，但通过查阅其项目设计文件发现，虽然满足 2005 年以来的无林地要求，但有些项目实际上是在 2012 年以前就已经实施的项目，因此其造林方法即按照普通的造林方式完成。而有林地的森林经营类项目，主要是位于黑龙江、吉林与辽宁三省份的森林，以国家所有的林地为主，因此森林增汇过程主要由国有林场职工来完成。

2.3　森林碳汇供给面临的问题

通过多渠道的资金来源、不同的森林管理方法学以及林业主管部门颁布的一系列规范性文件，以增加森林碳汇为主要目的的碳汇林得到了一定的发展。依据上文中论述得到的不同类型的碳汇林面积，不考虑广东省碳汇造林工程的话，到目前为止共有约 255 万公顷，占中国森林总面积的 1% 左右。但在各类型的碳汇林建设过程中，通过资料的收集、对当地林业主管部门的访谈与对农户的问卷调查中发现，森林碳汇发展面临的问题可能会阻碍未来增汇目标的实现。

2.3.1 森林增汇的方式单一

从 2.2 节中对我国当前森林碳汇发展的主要类型的介绍发现，虽然在国内的温室气体自愿减排框架下，已经出现了一些在有林地上通过加强森林的经营来增加森林碳汇的活动，但当前仍然是以在无林地造林的形式来增加森林碳汇为主。

与普通造林行为相比，以固定碳汇为目的的造林成本可能会更高。一方面，当前以项目为基础的碳汇造林，比普通造林增加了基线调查、碳汇的计量与监测等活动，因此会造成成本的上升。另一方面，由于碳汇造林技术规定要求，新造林的林地必须是 2005 年以来的无林地，而这些林地通常位于交通不便的偏远地区，或是林地的立地质量比较低的地区，因此也导致了成本的上升。

通过无林地造林的方式来增加固碳还会面临土地供给有限的问题。根据 2018 年公布的第九次森林资源清查资料，当前的宜林地主要位于中国的西北或西南地区。这些地区的林地立地质量差，造林难度大，林木的存活率低。因此，不仅符合碳汇造林要求的林地资源有限，未来一段时间内可供造林的无林地规模也比较小。

2.3.2 通过碳市场工具达成增汇的目标面临风险

在当前的森林碳汇供给中，各供给主体仍然希望通过以项目的形式，参与碳交易市场获得收益。2014 年，国家林业局发布了《关于推进林业碳汇交易工作的指导意见》，希望推进清洁发展机制林业碳汇项目交易、国家温室气体自愿减排林业碳汇项目交易与碳排放权交易，为森林碳汇的发展提供动力。但是，通过查阅相关交易数据发现，以市场机制来发展森林碳汇仍面临较大的不确定性。

对于 CDM 的造林再造林项目，其需求正在下降。在 CDM 注册的林业类项目占比最少，共 67 个，最新的注册于 2019 年，其中来自中国的只有 5 个。自 2013 年以来，在 CDM 新增注册的林业类项目中，没有来自中国的项目。从全球范围来看，自 2011 年以来，林业类项目就呈下降趋势。CDM 林业项目下降的主要原因是作为最大需求方的欧盟碳排放权交易市场宣布，在其运行的第二阶段(2008—2012 年)，所有成员国不能使用来自林业类的碳汇项目进行履约。

目前新开发的林业类项目主要都是在国内的 VER 进行审核并注册的，其中 2016 年新审核的项目共有 57 个，占总项目数约 60%（图 2-2）。林业碳汇项目作为自愿减排项目，其主要的需求方为各试点碳排放交易市场纳入的履约企业。但是，试点的七个碳排放交易市场对自愿减排的碳汇项目的使用都设置了最高的限制比例。其中上海与北京的使用比例是不超过 5%，重庆是 8%，广东、湖北、天津与深圳是 10%。此外，一些试点省市的碳交易规则还对自愿减排类项目的使用类型、产地做了规定。这些限制条件都进一步降低了对国内 CCER 的需求。上海碳排放权交易所在 2015 年 4 月开始对 CCER 挂牌交易，截至 2015 年 11 月 11 日，共交易约 370 万吨 CCER，交易总额为 5300 万，平均成交价约为 14.5 元/吨，低于同期交易的碳排放权配额（约为 35 元/吨）。

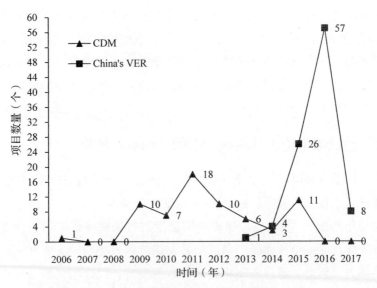

图 2-2　CDM 与中国 VER 中森林碳汇类项目数量①

2.3.3　经营者对增汇的认知度及参与意愿低

本节主要以 2015 年在广东省河源市和平县进行实地调研获得的调查问卷为基础，对森林经营者的基本情况、林地资源、森林碳汇认知与参与意

---

① 森林碳汇的项目数根据 2020 年 12 月底的数据统计．

愿进行描述性分析。和平县位于广东省东北部，林地面积约 270 万亩，森林蓄积量达 765 万立方米，在 2014 年共完成碳汇造林 17 万亩。在实地访谈的基础上，课题组在合水镇、彭寨镇与阳明镇已进行碳汇造林项目的 3 个村(组)共发放 200 份调查问卷，收集有效问卷 154 份。

　　森林经营者与林地的主要特征见表 2-6 与表 2-7 所示。森林经营者的平均年龄为 46.73 岁，但其方差与标准差较大。为了更好地反映其年龄特征，调研数据表明，参与经营的受访者年龄的最大值为 65，最小为 20，采用中位数得到的年龄为 48 岁。同理，林地面积与离家距离的方差与标准差也很大，采用中位数来说明林地资源的基本特征。在被调查的农户中，经营林地面积的最大值为 200 亩，最小值为 0.1 亩，中位数为 10 亩。林地离家距离最大值为 40 公里，最小值为 0.3 公里。中位数为 3 公里。经营者选择的主要经营树种以用材林为主，包括杉木与松树，此外还有 22.1% 的农产选择油茶作为经营树种。另外，调查获得的数据表明，林业收入占家庭收入比重为 5%～10%，其中约 60% 的农户的家庭收入来源以外出务工为主。

表 2-6　森林经营者基本特征

分类	变量名称	均值	方差	标准差
农户特征	年龄(年)	46.73±0.95	138.88	11.78
	受教育年限(年)	6.48±0.08	1.07	1.04
	家庭劳动力(个)	2.86±0.29	1.53	1.24
林地禀赋	林地块数	3.12±0.20	5.14	2.27
	林地面积(公顷)	19.14±2.22	649.13	25.48
	离家距离(公里)	4.41±0.52	35.05	5.92

注：数据来源于实地调查，均值中表示为平均值±标准误。

表 2-7　林地主要经营树种

项目	杉木	松树	油茶	总计
户数	82	38	34	154
比例	53.2%	24.7%	22.1%	100%

注：数据来源于实地调查。

　　表 2-8 与表 2-9 分别描述了森林经营者对碳汇林的认知与参与碳汇林

项目的意愿。虽然和平县自 2013 年便开始开展碳汇造林活动，但调研结果表明，对碳汇林清楚与非常清楚的受访者只有 13 位，只占 8.4%，而 73.4%的受访者共 113 人表示对碳汇林不了解。在对受访者阐述了碳汇林的基本功能与主要发展模式后，约有 14.3%的人愿意参与碳汇林项目，而 85.7%的受访者仍不愿意参与碳汇林项目。从受访者的回答来看，主要提及的原因包括：①政策不清晰，担心碳汇收益能否如愿兑现；②无法自主选择经营树种；③经营周期太长，风险大。

表 2-8　碳汇林认知程度

项目	非常清楚	清楚	一般	不清楚	非常不清楚	总计
人数	2	11	28	81	32	154
比例	1.3%	7.1%	18.2%	52.6%	20.8%	100%

注：数据来源于实地调查。

表 2-9　林农参与碳汇林建设的意愿

项目	愿意	不愿意	总计
人数	22	132	154
比例	14.3%	85.7%	100%

注：数据来源于实地调查。

从本研究对森林经营者的实地调研表明，森林经营者具有年龄偏大（48 岁）、受教育程度不高且家庭收入以外出务工为主的特征。而森林经营者经营的林地具有面积小、细碎化的特征，且林地经营选择轮伐周期短的用材林树种或每年都可以获得收益的经济林为主。虽然森林碳汇重点生态工程项目已经连续 3 年在当地建设，但对碳汇林了解的经营者很少，且由于发展政策不清晰、周期长等原因，愿意参与碳汇林项目的经营者很少。

林地承包者对碳汇林的认知度低可能带来两方面的问题。一方面是增加了人为干扰的风险。碳汇林在建设时需按照一定的开发流程，成林后也要避免人类活动的干扰，以最大限度地降低项目样地内的碳排放。但目前无论是政府直接投资还是非政府组织（NGO）投资开发的森林碳汇类项目，都是以政府公开招标的形式完成建设。在建成后，林业部门无法完成对大规模碳汇林的管护，而当地的林农即林地的承包者由于不了解碳汇林的管理方法，仍可能进入碳汇林区进行释放碳排放的活动。

另一方面，碳汇林建设过程中缺乏集体林地承包经营者的参与也会导致其与森林碳汇项目开发者争议的存在。虽然碳汇林项目的开发者包括政府部门或 NGO 应该与当地集体林地的承包者达成一致后才开展森林碳汇项目，但通过在广东省的实地调研发现，虽然林业部门会将造林行为告知当地村集体，但为了节约交流成本，一般只会告知当地村委的负责人。项目开发者与当地林农的争议主要存在两个方面：

第一，森林碳汇项目的收益权未进行很好的协商。虽然当地的林业部门以及其他的一些项目开发者认为，碳汇林项目期结束以后，碳汇收益归项目开发者所有，而林木的收益归集体林承包者所有。但通过实地调研发现，林农对这一权益分配并不了解，此外也并没有通过专门的合同对利益分配进行约束。由于未执行林地出租的合同手续，一些地区的林农甚至对在自己承包的林地上的碳汇造林行为并不了解，这也为今后森林增汇目标的实现带来了风险。

第二，集体林地承包者对碳汇林造林树种的种类不接受。为了更多地增加森林碳汇，同时也提高林地的生态功能，当前的碳汇林主要采取的是本地阔叶树种、混交的造林模式，包括荷木、枫香等。但是，林农都希望能够种植能在短期内带来经济回报的树种，如杉木、湿地松等。在调查中发现，一些林农为了种植符合自己期望的树种，会在自己的承包地上将阔叶树种替换为杉木。

2.4 森林碳汇市场交易需求方分析

2.4.1 森林碳汇交易需求现状

自《京都议定书》生效以来，森林也被公认为是应对气候变化的重要方式之一。清洁发展机制中森林碳汇相关方法学的实施，也促进了市场交易机制在森林碳汇交易中的发展。中国在 2005 年开始实施清洁发展机制项目，在 2011 年确定北京、天津、上海、深圳、重庆、广东与湖北开始碳排放交易试点，2017 年开始启动全国范围内的碳排放交易。根据森林碳汇需求者的目的，森林碳汇需求方可以分为以下三类：即使用型、自愿型与投机型。使用型与自愿型在交易后将森林碳汇直接抵消掉，而投机型则是将森林碳汇囤积，形成市场交易的缓冲"蓄水池"。森林碳汇市场先有使用型和自愿型需求者，然后才有投机型需求者。

（1）使用型，在碳排放限额交易的基础上，需求方通过购买森林碳汇，抵消其超额排量。使用型的主体主要是指在碳排放交易当中被纳入限额交易的控排企业，当排放额度不足时，控排企业可以选择在市场上购入森林碳汇，以抵消其排放量。以广东省碳排放试点交易为例，根据其2020年度碳排放配额分配实施方案，纳入碳排放管理和交易范围的是电力、水泥、钢铁、石化、造纸和民航六个行业企业。具体的控排企业包括两个方面：一是已有的企业，包括广东省行政区域内（深圳市除外，下同）上述六个行业年排放2万吨二氧化碳（或年综合能源消费量1万吨标准煤）及以上的企业，共245家；二是新增的企业，包括上述六个行业已列入国家和省相关规划，并有望于2020—2021年建成投产且预计年排放2万吨二氧化碳（或年综合能源消费量1万吨标准煤）及以上的新建（含扩建、改建、合并，下同）项目企业，或往年新建投产但未列入新建项目名单的符合上述门槛的新建项目企业，共23家。根据广东省2020年及"十三五"控制温室气体排放总体目标，确定2020年度配额总量为4.65亿吨，其中，控排企业配额4.38亿吨，储备配额0.27亿吨，储备配额包括新建项目企业有偿配额和市场调节配额。各控排企业如果在规定年限内产生的二氧化碳量超过了政府部门分配给其的配额，那么它就可以在市场上购买并使用森林碳汇进行抵消。从上述广东省碳排放交易的实例中可以发现，当存在碳排放交易市场时，森林碳汇的使用型需求是需求来源中占比最高的方式。

（2）自愿型，以非盈利目标与关注环保为出发点，在自愿的基础上购买森林碳汇，最终用来抵消个人或机构的温室气体排放量。与使用型需求不同的是，森林碳汇自愿型需求的特点是自愿、非强制。比如，在2011年，阿里巴巴等10家企业出于社会责任感和环保目的而主动购买森林碳汇，在华东林交所碳汇交易平台主动认购了14.8万吨林业碳汇指标。根据广州市碳排放权交易中心的报道，在2021年4月，粤开证券股份有限公司完成1729吨CCER（产生于四平山门风电场一期工程项目）注销，用于抵消2020年1月至2020年12月粤开证券股份有限公司在运营活动中化石燃料燃烧排放、办公楼运行过程中净购入电力产生的排放以及其从事商业活动中使用委托运输产生的温室气体排放。阿里巴巴等企业并不是被纳入控排的企业，他们作为需求方购买森林碳汇的主要目的是出于环境保护的意识，而不是为了完成政府部门对其限排的任务。正是由于自愿这一特点，因此森林碳汇的自愿型需求相对来说较为稀少，此类型的交易也比较少。除了企业以外，社会公众出于自身环保实践的需要也可以通过购买森林碳汇来实现。但在当前的实践中，这一部分的购买需求也相对较少。

（3）投机型，相关的机构与个人以盈利为目的，购买森林碳汇的意图是为了以后以更高的价格出售森林碳汇，进而获得相关收益。此种类型的需求最先产生于对碳排放权的购买需求，投资者看好碳排放交易这一市场，将碳排放权作为一种金融产品进行投资。如在广东省林业碳普惠项目交易中，在 2017 年与 2018 年都购买了林业碳汇的微碳（广州）低碳科技有限公司、杭州超腾能源技术股份有限公司等。两家公司都是从事碳交易与碳资产管理的公司，以微碳（广州）低碳科技有限公司为例，企业是广州碳排放权交易所的全资质会员，可全面开展碳排放权交易活动，拥有从事自营、托管、经纪、公益及碳交易主管部门和广碳所认可的各项其他业务的资质。同时，它也是上海环境能源交易所交易会员，北京环境交易所 CCER 交易会员等，企业所累积托管的碳资产高达 2500 万吨。森林碳汇的投机型需求是伴随森林碳汇的使用型需求产生的，其需求量在一定程度上受使用型需求量的影响。

中国现阶段的碳交易市场是以试点的七个省市的碳排放权交易为主，控排企业通过各地每年规定的碳排放限额来实施控排。据统计，截至 2019 年 12 月 20 日，中国区域碳市场配额已累计成交约 3.71 亿吨（不包括协议成交）。截至 2020 年 3 月 31 日，中国核证自愿减排量（CCER）成交约 2.18 亿吨（彭纪权 等，2020）。由于当前各地的碳排放配额仍采用基准排放法测算企业的排放，再结合免费分配为主的分配方法，因此导致控排企业对森林碳汇的需求并不高。同时，由于碳排放交易市场对森林碳汇参与交易的限制也较多，提高了企业的履约成本，进一步限制了森林碳汇在市场上的需求。

2.4.2 森林碳汇需求发展预测

作为全世界最大的二氧化碳排放国，2020 年 9 月，中国政府在第七十五届联合国大会上首次提出，中国将提高国家自主贡献力度，采取更加有力的政策和措施，二氧化碳排放力争于 2030 年前达到峰值，努力争取 2060 年前实现碳中和。2021 年的两会上，碳达峰与碳中和也被首次写入政府工作报告。碳达峰是指我国承诺 2030 年前，二氧化碳的排放不再增长，达到峰值之后逐步降低。碳中和是指在 2060 年前，企业、团体或个人测算在一定时间内直接或间接产生的温室气体排放总量，然后通过植物造树造林、节能减排等形式，抵消自身产生的二氧化碳排放量，实现二氧化碳"零排放"。

中国在 2011 年开始进行碳交易试点后，经过几年的实践与反复的研讨，国家发展和改革委员会在 2017 年底宣布启动全国碳排放权交易市场建设。国家发展和改革委员会于 2017 年 12 月印发了《全国碳排放交易市场建设方案(发电行业)》，标志了全国碳排放权交易体系的正式启动。在初期，发电行业企业作为高耗能高排放的代表首批纳入进来，参与全国碳市场。2020 年 12 月，生态环境部印发了《2019—2020 年全国碳排放权交易配额总量设定与分配实施方案(发电行业)》，同时公布了《纳入 2019—2020 年全国碳排放权交易配额管理的重点排放单位名单》。2021 年 1 月，生态环境部又颁布了《碳排放权交易管理办法(试行)》，并表示该管理办法于 2021 年 2 月 1 日起正式施行，表明全国碳市场已正式开始运行。该办法是对原主管气候变化业务的国家发展和改革委员会在 2014 年发布的《碳排放权交易管理暂行办法》作出的修改，包括了碳排放配额分配和清缴，碳排放权登记、交易和结算，以及温室气体排放报告与核查等内容。根据该实施办法，全国碳市场第一个履约周期于 2021 年 1 月 1 日正式启动，标志着全国碳市场的建设和发展进入了新的阶段。同时，生态环境部也表示将加快推进全国碳排放权注册登记系统和交易系统建设，逐步扩大市场覆盖行业范围，丰富交易品种和交易方式，有效发挥市场机制在控制温室气体排放、促进绿色低碳技术创新、引导气候投融资等方面的重要作用。

根据最新颁布的《碳排放权交易管理办法(试行)》，被列入温室气体重点排放单位的企业包括两方面：一是属于全国碳排放权交易市场覆盖行业，现阶段主要是指发电行业；另一种是年度温室气体排放量达到 2.6 万吨二氧化碳当量(综合能源消费量约 1 万吨标准煤)的企业。同时，由于现阶段碳排放交易仍采用全国碳排放权交易与地方试点的碳排放交易同时实施，该办法也强调纳入全国碳排放权交易市场的重点排放单位，不再参与地方碳排放权交易试点市场。在此轮分配方案中，全国碳排放权交易配额的总量仍未核算出来。根据该方案，目前经初步核算，全国碳市场纳入发电行业重点排放单位共计 2225 家，每年碳排放总量占全国排放总量的 40% 左右。"十四五"期间，碳排放权交易市场还将进一步将钢铁、化工、建材等工业行业以及航空业纳入进来，届时全国碳市场的碳排放总量将超过 50%，全国碳市场将成为碳排放总量控制最主要的手段。

由于森林碳汇主要是作为抵消机制被纳入全国碳排放权交易市场中，该办法也强调，纳入碳排放交易中的重点排放单位每年可以使用国家核证自愿减排量抵销碳排放配额的清缴，抵销比例不得超过应清缴碳排放配额的 5%。同时，用于抵销的国家核证自愿减排量，不得来自纳入全国碳排放权交易市场配额管理的减排项目。按此要求进行粗略估算，当全国碳排放权交易市场开始试运行，即仅纳入发电行业时，森林碳汇交易的需求量最高可达全国碳排放的 2% 左右。而当碳排放权交易市场纳入的行业增加到钢铁、化工等领域时，森林碳汇交易的需求量最高可达全国碳排放总量的 2.5%。但事实上，由于国家核证自愿减排量指对我国境内可再生能源、林业碳汇、甲烷利用等项目的温室气体减排效果进行量化核证，并在国家温室气体自愿减排交易注册登记系统中登记的温室气体减排量，即森林碳汇仅为核证自愿减排量的一部分，因此实际上对森林碳汇的需求将远低于估计的数值。

2.4.3 森林碳汇需求的影响因素

根据前文中对森林碳汇的需求方类型进行的分析可知，当前对于森林碳汇的需求主要包括使用型、自愿型与投机型三种。在这三种类型中，使用型需求是产生于碳排放权交易市场下，需求量最大的一种类型。投机型的需求在一定程度上来源于使用型需求，自愿型需求的量相对较小。因此，本部分将主要分析影响森林碳汇使用型需求的因素。

（1）碳排放交易市场中排放配额的发放方法与分配方法。根据各试点省市碳排放配额分配方案以及《碳排放权交易管理办法（试行）》，目前碳排放的配额仍是以免费发放为主。虽然广东省在试点过程中也采取了部分拍卖的方法，但其比例并不高。最开始确定的是 97% 的配额免费发放，3% 的配额有偿的方式。但在 2020 年的碳排放配额分配实施方案中，有偿发放总量原则上控制在 500 万吨以内，而当年控排企业的配额总量为 4.65 亿吨，即有偿发放的仅占总量的 0.01%，远低于初期计划。此外，在各控排企业的配额分配方法上，目前主要采用的是历史排放法，即由控排企业自主申报其历史平均碳排放量，在此基础上再乘以年度下降系数的方式进行计算。目前来说，对排放配额的分配仍比较宽松，控排企业对森林碳汇等抵消项目的购买需求不高。

(2)森林碳汇等国家核证自愿减排量的使用限制。森林碳汇在参与碳排放交易市场时，仅作为抵消机制参与。在 2011 年开始试点的 7 个省市的碳排放交易方案中，均规定了控排企业使用国家核证自愿减排量的抵消碳排放的额度。由表 2-10 可知，各地的试点方案不仅限制了核证自愿减排量的使用额度，一些地区的碳交易市场对核证自愿减排量的产生地域也存在限制，进一步减少了对森林碳汇的需求。

表 2-10　碳排放交易试点地区对国家核证自愿减排量使用的限制

试点省市	抵消比例的限制	产生区域的限制
广东	≤配额量的 10%	70%以上来自本省
湖北	≤配额量的 10%	全部来自省内
北京	≤配额量的 5%	京外项目产生的不得超过 2.5%，且优先使用河北、天津有合作协议的
上海	≤配额量的 5%	无
深圳	≤配额量的 10%	无
重庆	≤配额量的 8%	全部来自区域内
天津	≤配额量的 10%	无

(3)碳排放配额与森林碳汇的成交价格。对于控排企业而言，在完成年度履约任务时，当存在碳排放配额的缺口时，其在碳交易市场上既可以购买其他企业出售的碳配额，也可以购买森林碳汇等国家核证自愿减排量。因此，这两种产品的价格也是影响其购买的重要原因。根据《北京碳市场年度报告 2018》，2018 年北京市碳市场已成交的林业碳汇的平均成交价格为 22.68 元/吨，实际上超过了 2018 年北京市的中国核证减排量成交均价(线上与协议转让的平均价格分别为 9.21 元/吨与 5.39 元/吨)，也超过 2018 年七省市试点碳排放配额交易的成交均价(21.61 元/吨)。当森林碳汇的价格超过碳配额的价格时，控排企业从购买成本的角度考虑，也会更加倾向于购买碳排放配额。

第3章　森林增汇不同策略的效率分析

3.1　森林增汇的不同策略

通过在无林地上造林是中国目前应对气候变化的主要策略，这也是国际社会公认的利用林业活动有效地减缓气候变化的重要方式。但是，我国第九次森林资源清查的资料表明，无林地的面积已经在逐步减少，且现有无林地大部分位于偏远且立地质量较差的地区，增加了造林的成本，降低了造林固碳的效率。因此，森林碳汇发展面临的现实困境将促使政策制定者寻求新的增汇策略。

由于森林碳汇与森林的生产力是密切相关的，因此任何一种提高森林生产力的方式都能增加森林碳汇。对于森林增汇的类型，不同的研究者给出了不同的划分。在2004年，Moulton 与 Richards 便通过整理文献中常见的主要林业活动，归纳出利用土地增加森林碳汇的主要方式，见表3-1。表3-1中共列出了9种森林管理措施，涉及造林、改变现有林地的经营策略与利用城市林业等方式。作为专门应对气候变化的专业组织，政府间气候变化专门委员会(Intergovernmental Panel on Climate Change，IPCC)在第四次气候变化专门报告中(2007)也对林业减缓气候变化的活动给出了详细的阐述，见表3-2。与表3-1相比，IPCC认定的主要林业活动则精简为4条，除了造林、提高森林管理水平以外，还增加了对木质产品的利用的说明。

表 3-1　利用土地增加森林碳汇的常见森林管理措施

序号	管理措施
1	在农地上造林
2	在采伐迹地或火烧迹地上再造林
3	改变森林管理措施以增加森林碳汇
4	采用影响度低的采伐方法减少碳汇的释放
5	延长森林轮伐期
6	保护林地以免其转换
7	采用混农林业管理措施
8	建立短轮伐期的木质生物量的种植园
9	城市林业管理措施

表 3-2　IPCC 增加森林碳汇的主要措施

序号	主要措施
1	在废弃或贫瘠的农地造林
2	通过森林管理措施增加林分或景观水平的碳密度
3	增加木质产品中的碳储量
4	提高产品或能源的替代

　　表 3-1 与表 3-2 提出的森林增汇策略都是具体的林业活动，而未对其进行大类的提升总结。以表 3-1 与表 3-2 为基础进行总结发现，在减缓气候变化的林业活动中，主要可分为两大类。一类是在无林地上发生的，通过在无林地上造林，以增加在原有情景下的碳汇总量。值得注意的是，为了保证森林固碳的额外性，造林活动必须是发生在没有碳汇造林活动、并未打算造林的土地上。而对于本来已覆盖林木的林地，在其正常经营周期内发生的造林行为，由于并不会增加原有情景下的森林碳汇，因此不是这一措施需要考虑的范围，这也是 CDM 项目或国内的 VER 项目方法学中强调的土地必须为 1990 年以来或 2005 年以来无林地的原因。另一类林业活动则是在有林地上发生，通过改变原有森林的经营管理方式或是采取禁伐的策略，以达到增加现有森林的碳储量或是减少原有情景下的碳排放的目标，林地上森林增汇的主要策略如图 3-1 所示。在有林地上，调整现有森林的经营方式这一策略又包括了三种类型。第一种是提高经营强度，主要

指通过调整和控制森林的组成和结构、促进森林生长，以维持和提高森林的生长量，从而增加森林碳汇，主要的森林经营活动包括结构调整、树种更替、补植补造、林分抚育与复壮等。第二种是降低采伐强度，主要指改变森林的收获方式以降低森林收获时的碳排放，包括延长森林的轮伐期、将森林的皆伐收获方式改为间伐与采取释放碳较少的采伐方法等。第三种是加强森林保护，主要是加强对森林病虫害与火灾的防治，以此降低自然灾害带来的碳排放。在有林地上，采取禁伐的策略是指通过将有林地的森林划为保护区等方式以禁止森林的采伐，以此来减少或杜绝原有采伐方式可能带来的碳排放。

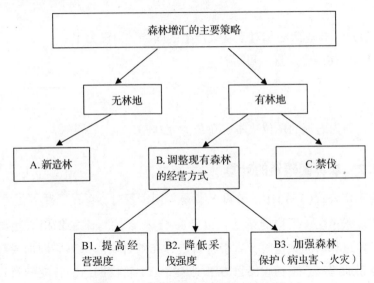

图 3-1　减缓气候变化的各类林业活动

3.2　无林地新造林

3.2.1　无林地固碳分析的理论模型

成本效用分析是评估项目的工具，将一个项目的主要成果或收益与它的成本联系起来，主要目的是帮助进行社会决策，使得在分配社会资源时更加有效率。森林固碳的成本效用研究主要是决定在采用不同的增汇策略时，固定每单位二氧化碳需要花费的成本是多少。

3.2.1.1 成效分析模型

自从 Sedjo 与 Solomon（1989）认为通过扩大森林的面积可以持续性地抵消二氧化碳的排放量以来，大量的研究已经证明，利用森林增汇是极具成本效用的一种减缓气候变化的方式。通过对已有文献的分析整理发现，林业活动固碳的成本效用分析必须的几个步骤包括：明确林业活动的地理尺度；选择特定的某种林业活动；设定林业活动的面积规模；确定比较的基线。对于某一类型的林业固碳活动，两个核心的变量包括：

（1）对基线而言，采取的某一林业活动的执行成本与土地成本，设为 I_j；

（2）这一林业活动相对于基线产生的固碳量，设为 Y_j。

通过上述两个变量，可得：

$$C_j = \frac{I_j}{Y_j} \tag{3-1}$$

式中，C_j 即为固碳的单位成本，单位为元/吨 C。

3.2.1.2 森林固碳量的计算

在确定公式（3-1）中的分母 Y_j 森林年固碳量时，存在三种主要的方法，包括流量积累法、平均储量法，以及归一/折现法。流量累积方法指在计算无林地造林的固碳量时，直接将新造林在项目期内每年所增加或释放的碳汇量累加起来。平均碳储量方法则是将一个轮伐期内的各期的累积碳储量相加，再除以轮伐期，即 $\bar{Y} = \dfrac{\sum_{t=1}^{m} Y_t}{m}$。利用这两种方法计算时，项目期内不同时期吸收或释放的碳具有相同的意义。最后一种方法即为折现法，将不同时期内固定的碳流量折现成一个总和数，即可得到项目期内的森林固碳量，即 $Y = \sum_{t=0}^{n} \dfrac{Y_t}{(1+r)^t}$。在碳循环中，由于森林所固定的碳最终仍将回到大气中，森林增汇的方式只是延迟了其释放的时间，并没有带来实际上的碳排放量的减少。森林增汇也被认为是为发展低碳利用技术争取时间，各时期的固碳效益自然就存在差异。因此，本研究主要采用折现法对森林不同时间所固定的碳进行折现，进而得到项目期不同时间的碳储量。

3.2.1.3　土地机会成本的计算

在森林固碳的成本分析中，除了林业活动引起的直接投资成本，作为最重要的生产要素，土地成本的计算是研究者一直关注的重点。Richard 与 Stokes 通过对原有文献的梳理，总结出的计算方法包括三种。一是自底向上工程成本法，通过直接计算土地投入与产出的价值来估计土地成本。二是部门模型法，将土地农业用途与林业用途联系起来，形成一个多期决策模型，在碳汇价格的约束下确定土地的成本曲线。三是计量经济学方法，基于土地拥有者在不同土地价格下农业用途与林业用途分配的历史数据，估算土地成本。国外学者总结出的这三种方法，都暗含一个基本假设，即土地发生了用途的改变，由其他用途的土地（农地、草地等）变为林业用地，通过计算其他用途的土地价值来获得利用土地造林的机会成本。由于中国一直执行严格的耕地保护政策，所以利用农地进行造林不太现实，实际中经常使用的则是通过利用荒山荒地来进行造林。因此，由于不存在林地的买卖市场，本研究在考虑无林地造林的土地机会成本时，一是参考 Xu（1995）对中国森林固碳成本的做法，直接不考虑土地的机会成本；二是利用林地租赁市场的价格来作为土地机会成本的参考。

3.2.2　树种选择与参数设定

需要指出的是，不仅各种林业活动在减缓气候变化时会产生不同的成本。即使同一种林业活动，由于树种、立地条件、项目周期、碳库与项目规模的不同，也会导致不同的固碳成本（van Kooten et al.，2004）。因此，必须对各种类型的林业活动进行界定。对于新造林活动，以广东省森林碳汇重点生态工程为例，采取固碳能力强的乡土树种，并采用混交的模式，对其固碳成本效用进行分析。此外，由于当考虑不同的碳库时，固碳的成本也会不同，因此，为了简化碳汇计量的模型，本章以前人的研究为基础，仅考虑生物量碳库。森林碳汇项目的期限也会导致不同的固碳成本，因此参考《广东省森林碳汇重点生态工程》中对项目期限的规定，项目持续时间为 30 年，在此期间，不允许对碳汇林进行采伐。

3.2.2.1　固碳量参数

造林树种的选择直接决定了森林经营的固碳潜力。对于造林树种的选择，按照广东省碳汇造林的相关规定与造林实践，优先考虑的是本地乡土阔叶树种，其生长时间较长，固碳潜力大，还能提高物种多样性与林地的肥力。通过在广东省梅州市与河源市等地的调研发现，在实际碳汇造林中，当地林业部门在营造混交林时，单位面积上选择的造林树种多达5~6个阔叶树种。以梅州市五华县的调研为例，单位面积的造林密度为89株/亩，其中包括荷木（*Schima superba*）、枫香（*Liquidambar formosana*）、樟树、黎蒴（*Castanopsis fissa*）、红锥、山杜英（*Elaeocarpus sylvestris*）等主要乡土树种。在本研究中，基于树种参数的可得性，也为了简化森林碳汇计量的模型，主要选择枫香与山杜英两个树种。枫香是金缕梅科枫香树属的一种落叶乔木，生长于我国秦岭及淮河以南各省，木材材质坚硬，生长速度较快。山杜英为杜英科杜英属的一种常绿阔叶树种，具有生长快、材质好、适应性广等特点，广泛分布于我国南方地区，也是一种重要的用材树种。造林密度采用调研得到的数据，即89株/亩，具体为枫香45株，山杜英44株。通过查阅广东省林业调查规划院公布的各树种生长参数，枫香与山杜英的生长数据与材积方程见表3-3。

表 3-3　枫香与山杜英的生长方程

树种	测树因子	生长方程
枫香	胸径（cm）	$DBH = 0.07436 + 0.82619x$
	树高（m）	$H = 25/(1 + 7.098e^{-0.1173 * DBH})$
山杜英	胸径（cm）	$DBH = 13.622/(1 + 14.355e^{-0.3525x})$
	树高（m）	$H = 11.258/(1 + 10.677e^{-0.2614x})$

基于表3-3中估算出的各树种在各树龄段的胸径和树高，枫香与山杜英的单株材积量可用下面的公式计算：

$$V = 6.01228 \times 10^{-5} \times D^{1.87550} \times H^{0.98496} \tag{3-2}$$

得到树木的材积以后，为了计算单位面积林分所固定的碳储量，采用生物量-蓄积量转换因子法对其进行计算，具体的计算方法如下：

$$C = V_i \times D_i \times BEF_i \times (1 + R_i) \times CF_i \tag{3-3}$$

式中，C 为碳储量，V_i 为单位面积森林的蓄积量，D_i 为木材密度，BEF_i 为生物量转换因子，R_i 表示地上生物量与地下生物量之比，CF_i 表示生物量含碳率。通过查阅《中华人民共和国气候变化第二次国家信息通报》"土地利用变化和林业温室气体清单",枫香与山杜英的具体参数见表3-4。

表3-4　枫香与山杜英的生物量转换系数

树种	R_i	D_i	BEF_i	CF_i
枫香	0.398	0.598	1.765	0.497
山杜英	0.261	0.598	1.674	0.497

3.2.2.2　成本参数

森林固碳的成本主要包括两个部分:一是土地成本;二是造林的执行成本,包括造林成本与抚育成本等。对于造林的执行成本,由于在实地调研时,各个林农由于不同的立地条件、不同的经营强度都会导致不同的成本,因此可采用政府制定的造林指导成本,见表3-5。而对于土地机会成本的估算,当采用林地地租作为土地的机会成本时,以2014年在梅州市五华县获得的调研数据作为参考,即20元/(亩·年)。以30年作为项目期时,不考虑折现,则土地的机会成是600元/亩(9000元/公顷)。

表3-5　无林地造林的成本

造林与抚育	成本(元/公顷)
当年造林(包括整地、苗木、基肥、栽植与抚育人工等)	7500
第二年抚育(追肥、抚育人工)	1500
第三年抚育(追肥、抚育人工)	1500
合计	10500

注:数据来源于实地调查。

3.2.3　主要结果

(1)项目期内森林固碳量。由于本研究假设树木在生长期固定的碳汇的效益不一致,因此采用了折现法对各期新增的碳汇量进行了折现。从图3-2中可以看出,不采用折现法对碳储量进行折现时,年增碳汇量在30年的项目期内一直处于增加的趋势,表明林分的生长在项目期结束时仍未达到最佳生长状态。在前10年,曲线上升比较平缓,表明林分生长的速度缓慢,此时每年新增的碳汇量比较少,这与阔叶树种的生长特性有关。图3-3表示累积增长的折现碳汇量,随着林木的生长,从第10年以后,累积森林碳汇量增长非常迅速。到第 30 年时，项目期内累积折现的总固碳量为每公顷 99 吨 C，约为 363 吨 CO_2。

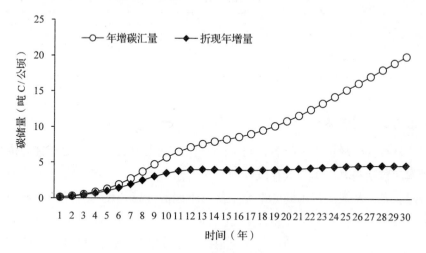

图 3-2　年增碳汇量与折现年增量

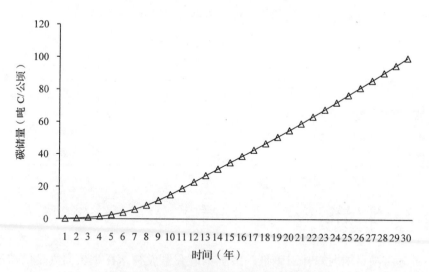

图 3-3　项目期内单位面积累积固碳量变化

（2）新造林的固碳成本曲线。图 3-4 表示的是采用阔叶树种在无林地造林时，从第 11 年开始时森林固碳的成本曲线。项目开始 10 年内，森林固碳的量非常低，导致成本非常高，为了更好地显示成本曲线，因此从第 11 年开始统计。由于在计算无林地造林的机会成本时，采用了考虑土地成本与不考虑土地成本两种方法，因此得到了两条成本曲线。如图 3-4 所示，随着项目时间的增加，两条成本曲线都呈逐渐下降的趋势。这是因为初期成本保持不变，随着项目时间的增加，森林所固定的碳汇量增加，因此导致固碳成本下降。此外，在项目初期固碳成本波动明显，但随着时间的增加，成本曲线趋于平稳。当不考虑土地的机会成本时，森林固碳的成本在每个时间点都会低于考虑土地租金时的数值，从第 11 年至项目期结束，森林固碳的成本从 559 元/吨 C 下降到 106 元/吨 C。而考虑土地的机会成本时，从第 11 年至项目期结束，森林固碳的成本会从 1038 元/吨 C 下降到 196 元/吨 C。这表明，随着时间的增加，两种成本计算方法得到的固碳成本的差距也在减少。

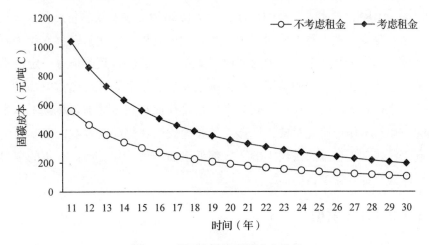

图 3-4　碳汇造林的固碳成本曲线

3.3　延长轮伐期

除了在无林地或退化农地上造林固碳以外，在有林地上，通过调整现有森林的经营方式，也可以在一定程度上增加森林碳汇。在有林地上，当采用调整现有森林的经营方式以增加森林碳汇时，由于提高经营强度与加强森林保护都难以对其所增加的碳汇量加以核算，因此在讨论调整森林的经营方式时，现有文献的主要研究对象都是以延长轮伐期为主。本节主要讨论通过延长轮伐期，增加有林地上的森林碳汇的固碳成本。

3.3.1 模型设定

3.3.1.1 树种选择

在不同的地区，由于适宜的生境不同，因此适宜生长的树种也不同。在我国北方地区，适宜生长的主要是轮伐期较长的针叶树种。而在南方地区，由于气候以及土壤肥沃适宜，有利于速生树种的栽培。杉木（*Cunninghamia lanceolata*）是杉科杉木属的常绿乔木，在中国长江流域、秦岭以南地区栽培最广、生长快、经济价值高的用材树种，在中国已有两千多年的栽培历史（黄宝龙和蓝太岗，1988）。根据第九次国家森林资源清查资料（2014—2018），杉木人工林的总面积为990.20万公顷，蓄积量达到8.2亿立方米，是全国人工乔木林面积和蓄积最大的树种。因此，以杉木作为研究对象，对广东甚至中国的中南部地区的森林碳汇供给政策都有一定的借鉴意义。为了获取最大的经济效益，避免风险，速生树种在经营中都是在较早的生长年龄即被采伐，因此适当延长轮伐期有利于增加森林碳汇。本研究采用杉木作为研究对象，计算其延长轮伐期获得固碳效益的成本。为了利于比较，且杉木的采伐年龄一般都低于30年，因此仍将30年的项目期限作为森林经营项目的周期。

3.3.1.2 计算模型

选定项目的树种后，对改变森林经营行为的固碳效益分析首先需要确定基线，即不存在固碳需求时，经营者选择的轮伐周期是多长。本研究主要利用最优轮伐期工具来确定基线情境下的经营时长。最优轮伐期通常考虑的是，同龄林在裸地造林的假设下，在无限多个轮伐期下寻求净现值最大化的轮伐期。Faustmann 最早利用净现值法解决考虑木材效益的最优轮伐期问题。Samuelson 对最优轮伐期进行了一个更加规范的数学解释，并证明了 Faustmann 模型为最优轮伐期的最佳解决模型。因此，本研究将首先利用 Faustmann 模型对基线情景下杉木人工林的最优轮伐期进行计算。

$$\text{Max } LEV = \frac{-C + P_T V_T \times e^{-rt}}{1 - e^{-rt}} \qquad (3-4)$$

式中，LEV 表示土地期望价；C 表示造林成本；P_T、V_T 分别表示木材价格与单位面积木材材积；r 表示贴现率；t 表示时间。

确定基线情景的最优轮伐期后，采用成本效用模型对森林经营固碳的成本进行计算。根据公式(3-1)，先需要确定延长森林轮伐期的成本。由于最优轮伐期时确定的土地租金是土地收益最大化时的结果，因此可采用土地租金的差值作为改变森林经营行为的成本。假设经营者选择在 T^* 时采伐可以获得最大收益 $LEV(T^*)$，当期望他将轮伐期延期到 $T = 30$ 时，机会成本即为：

$$\Delta I = LEV(T^*) - LEV(30) \tag{3-5}$$

对于延长轮伐期所带来的碳汇增量，仍采用折现法对不同时期的碳汇量进行区分，即：

$$\Delta Y = \sum_{t=T^*}^{30} \frac{Y_t}{(1+r)^t} \tag{3-6}$$

最后，可得延长轮伐期的固碳成本为：

$$\Delta C = \frac{\Delta I}{\Delta Y} = \frac{LEV(T^*) - LEV(30)}{\sum_{t=T^*}^{30} \frac{Y_t}{(1+r)^t}} \tag{3-7}$$

3.3.1.3　主要数据

通过 2014 年在广东省河源市和平县与梅州市五华县等地的调研，收集了农户杉木造林的成本与杉木原木价格的数据。杉木人工林的生长方程、碳转换系数等通过查阅杉木研究文献、广东省林业调查规划院树种调查指南与《中华人民共和国气候变化第二次国家信息通报》"土地利用变化和林业温室气体清单"(2013)中的参数值。单位面积的杉木的蓄积量公式如下：

$$V(t) = 4.535 \times SI^{1.609} \times (1 - e^{-0.096t})^{3.72} \tag{3-8}$$

式中，SI 表示林地的立地指数，根据南方杉木研究小组(1983)的测算，本研究采用中等立地条件下的指数，即 $SI = 17$。将树木的材积转换成碳含量所需的各参数以及林地的经营成本收益等数据，见表 3-6。当理论模型与所有的参数全部设定后，利用 EXCEL 软件进行生长过程的模拟，并利用 MAX 函数找出 LEV 的最大值。

表 3-6　杉木人工林经营参数与碳转换系数

参数	参数说明	参数值
R	地上与地下生物量之比	0.255
D	木材密度	0.307
BEF	生物量扩展因子	1.53
CF	生物量含碳率	0.5
	出材率	0.7
C	造林与抚育成本(元/公顷)	11445
P_T	除去采伐成本后的木材价格(元/立方米)	700

注：数据来源于实地调查。

3.3.2　主要结果

杉木人工林的林地期望值如图 3-4 所示。从图中可以看出，在无限多个轮伐期下，土地的期望价值随着经营时间的增加，呈现先上升后下降的趋势。当土地期望值达到最大时，意味着此时经营土地获得了最大的收益，因此可以选择采伐。在本研究中，杉木人工林的土地期望值最大为 50918 元/公顷，达到最大值的年限为 18 年。这表明，当经营者只考虑杉木人工林的木材价值时，他将会选择在 18 年进行收获。因此，当选择 30 年的项目期时，这意味着经营者必须将轮伐期延长 12 年。

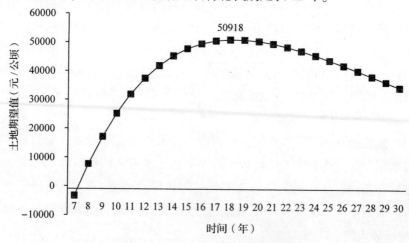

图 3-4　杉木人工林的林地期望值

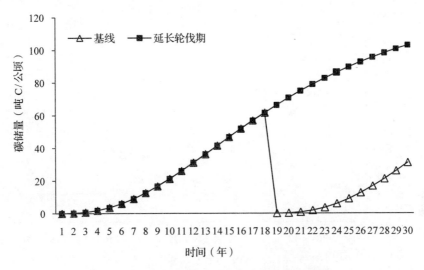

图 3-5　基线与延长轮伐期情景下累积固碳量

　　延长轮伐期与基线情景下，30 年项目期内单位面积土地的累积固碳量如图 3-5 所示。由于在基线情境下，在第 18 年时，经营者选择收获杉木人工林，且本研究不考虑林产品碳库，收获时固定的碳重新释放到大气中。因此在基线情境下，第 19 年开始，重新开始新一轮的经营期，因此在项目期结束时，延长轮伐期所固定累积碳汇量会高于基线情景。

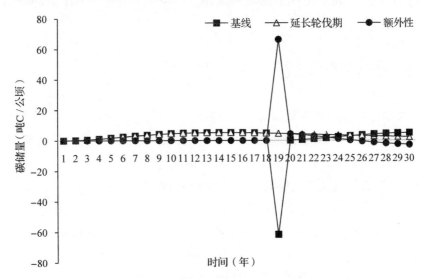

图 3-6　基线与延长轮伐期情景下净碳汇量

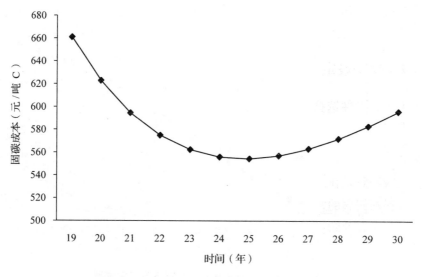

图 3-7　不同年限下延长轮伐期的固碳成本

图 3-6 表示基线与延长轮伐期下杉木人工林林分的年碳汇净增量。图中的负值表示的是在基线情境下，人工林收获时所释放的碳，因此表现为负值。在 30 年的项目期内，累积的折现额外固碳量为 27.7 吨 C/公顷。图 3-7 表示了延长 1 年到 12 年采伐时的固碳成本，在本研究中，当采用 30 年的项目期时，延长轮伐期的固碳成本为 596 元/吨 C，约合 2185.3 元/吨 CO_2。

3.4　有林地禁伐

减少采伐以减少森林的碳排放是减缓气候变化的重要方式。由毁林以及土地利用方式的改变而导致的温室气体排放增加已成为除了工业碳排放以外的最大碳源，总量已占到人为碳排放总量的 12%～20%（盛济川，2012）。联合国气候变化框架公约（UNFCCC）在 2007 年巴厘岛会议上引入了减少砍伐和土地退化造成的排放（REDD）机制，以帮助发展中国家减少森林砍伐、减缓森林退化。2014 年公布的第五次 IPCC 综合报告表明，由于森林采伐的减少，已改变了土地利用变化导致的排放增加的趋势。对于减少毁林，一般认为的主要方式是划定保护区，禁止砍伐，让保护区内的树木自然更新。在对此种林业活动进行成本效用的分析时，假定林分的初始状态即为成熟林或过熟林。本部分通过对成熟林分实施禁伐的策略，来分析减少森林碳排放策略的固碳成效。

3.4.1　模型设定

3.4.1.1　树种选择

对于实施森林保护禁伐的林分，为了发挥最大的固碳效用，种植的主要树种一般为轮伐期较长的阔叶类树种。因此，在本研究中，拟采用木材性质比较一致且在广东地区种植较多的阔叶树种荷木与黎蒴的混交林。荷木是茶科荷树属的常绿阔叶乔木，广泛分布于浙江、湖南、安徽、广东等地区，是重要的防火树种。黎蒴是壳斗科锥属常绿阔叶乔木，生长速度快，主要生长于华南、西南地区，是重要的用材树种。种植密度参考碳汇造林的标准，每亩 89 株，其中荷木 45 株，黎蒴 44 株。本部分仍然考虑的是 30 年项目期的固碳成本效用。由于森林保护策略实施的基础是林分必须是成熟林，通过查阅文献发现，硬阔类树种的成熟期为 40 年，因此在 40 年以后假定碳汇量不增加。

3.4.1.2　计算模型

在基线情境下，在 $t = 0$ 即项目开始时，因为林分已经成熟，经营者将对林分进行采伐，此时将造成森林所固定的碳重新释放到大气中。同时，在同一块土地上开始新一轮的经营。当实施森林保护的策略时，在 $t = 0$ 时，禁止采伐，则阻止了森林的碳排放。同时，在项目期内，由于已经是成熟林，森林固碳将不会再增加。因此，当采取森林保护策略时，在项目期内造成的成本包括两部分：一是项目初期，出售木材得到的收入；二是在项目期内将土地出租的收入，这部分仍采用土地期望值的方法进行测算。因此，

$$\Delta I = P_T V_T + LEV(30) \qquad (3-9)$$

获得的固碳效用则是初期阻止的碳排放减去基线情境下重新经营森林时所固定的碳：

$$\Delta Y = Y(0) - \sum_{t=0}^{30} \frac{Y_t}{(1+r)^t} \qquad (3-10)$$

由上面两式，可得森林保护策略的固碳成本为：

$$\Delta C = \frac{\Delta I}{\Delta Y} = \frac{P_T V_T + LEV(30)}{Y(0) - \sum_{t=0}^{30} \frac{Y_t}{(1+r)^t}} \tag{3-11}$$

3.4.1.3 主要数据

在本研究中选用的树种是荷木与黎蒴，通过查阅相关资料，黎蒴与荷木的生长方程见表3-7所示。其中，荷木与黎蒴的单株材积量方程分别为公式(3-12)与(3-13)所示：

$$V = 6.01228 \times 10^{-5} \times D^{1.8755} \times H^{0.98496} \tag{3-12}$$

$$V = 6.29692 \times 10^{-5} \times D^{1.8755} \times H^{0.98496} \tag{3-13}$$

表3-7 荷木与黎蒴的生长方程

树种	测树因子	生长方程
荷木	胸径(cm)	$DBH = 21.29/(1 + 40.84 \times e^{-0.178x})$
	树高(m)	$H = 1/(0.03892 + 0.3917/DBH)$
黎蒴	胸径(cm)	$DBH = 1.7133x - 0.0506x^2 + 0.0007x^3 - 1.9422$
	树高(m)	$H = 1.9257x - 0.0398x^2 - 2.489$

同样，在获得单位面积林分的蓄积量后，通过蓄积量-生物量转换因子法可得到林分的生物量，进而得到森林碳汇量。其中，荷木与黎蒴的主要生物量参数如表3-8所示。通过表中的数据，可以对基线情境及森林保护策略下的碳储量变化情况进行计算。除此之外，为了计算执行森林保护策略的成本，还需收集种植成本与木材价格的数据。在调研过程中发现，硬阔类树种极少作为人工林经营，经营者一般将其作为杂木出售。为此，从中国木材网上获取了广东省荷木与黎蒴的价格，将除去采伐成本后的木材价格设定为1300元/立方米。种植成本仍采用广东省森林碳汇重点生态工程的推荐成本，即10500元/公顷。

表 3-8　荷木与黎蒴的生物量参数

参数	荷木	黎蒴
R_i(地上与地下生物量之比)	0.258	0.261
D_i(木材密度)	0.598	0.598
BEF_i(生物量扩展因子)	1.894	1.355
CF_i(生物量含碳率)	0.497	0.497

注：数据来源于广东省森林资源调查常用数表。

3.4.2　主要结果

在荷木与黎蒴的混交林中，单位面积林分的累积固碳变化以及采取森林保护策略时的固碳变化如图 3-8 所示。随着时间的增加，单位累积面积内碳储量增加的速率会越来越慢。根据硬阔类数据的成熟期，则假设在本研究中，到第 40 年时，碳储量达到最大，再往后，随着时间的增加碳储量保持不变。到第 40 年时，碳储量为 261 吨 C/公顷。执行森林保护策略时，项目所增加的碳汇会随着时间的增加而逐渐减少。在基线情境下，经营者会将已成熟的森林收获，则此时固定的碳重新释放到大气中，然后再开始新一轮的经营。因此，采用森林保护的策略后，则此部分的碳储量为采取这一策略的额外性。但由于在基线情境下，森林在新的经营期能够继续吸收碳，因此需要减去这一部分的碳。结果表明，在 30 年的项目期时，采用折现法得到的碳储量的额外值为 191 吨 C/公顷(图 3-8)。

采取森林保护策略的成本包括在项目初期的木材收入以及项目期内土地可以产生的价值。当林分到达 40 年的成熟期时，单位面积林分的蓄积量为 391 立方米/公顷，此时木材的价值为 508625 元。在项目期内，土地的期望价值为 80395 元，因此实施森林保护的总成本为 589020 元/公顷。不同项目期限下森林保护策略的固碳成本如图 3-9。从图中可以看出，随着项目时间的增加，固碳成本逐渐上升。因为总成本一定，随着时间的增加，基线情景下固定的碳汇增加，导致固碳的额外性会降低，从而导致固碳的单位成本增加。到项目期结束时，即考虑 30 年的项目期限时，固碳成本为 3084 元/吨 C，约合 11308 元/吨 CO_2。

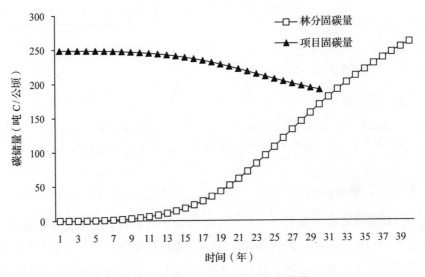

图 3-8　成熟林分固碳量与项目固碳量

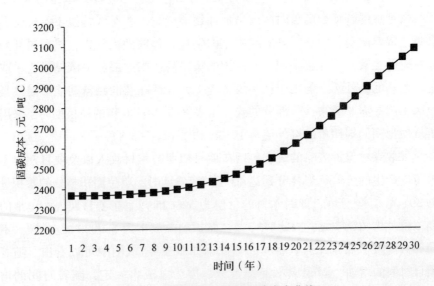

图 3-9　森林保护策略的固碳成本曲线

3.5　三种增汇策略的讨论

3.5.1　不同策略固碳成本的比较

通过对三种增汇策略下的森林经营活动进行描述，分别得到了新造林、延长轮伐期与禁伐三种策略的固碳成本，结果如图 3-10 所示。在 30 年的项目时间内，新造林、延长轮伐期与禁伐的固碳成本分别为 106、596、3084 元/吨 C。结果表明，新造林的固碳成本低于延长轮伐期与禁伐两种策略。对于新造林，即使将土地租金考虑在内，此时的成本为 196 元/吨 C，仍然低于延长轮伐期的策略，也会显著低于采取禁伐策略时的成本。这一结果也证实了通过在无林地造林，是增加森林碳汇最有成效的林业活动的结论。在无林地上新造林的固碳成本低于有林地的林业活动的固碳成本，原因主要来自两方面。一方面，在基线情景下，由于考虑的无林地主要为荒山，地上不存在高经济价值的附着物，因此采取造林的机会成本比在有林地采取林业活动时产生的成本低。另一方面，在基线情景下，无林地的森林储碳量为零，新造林固定的碳汇量增量会高于在有林地上采取延长轮伐期时获得的增量。

从图 3-10 可以看出，项目期的长短会影响固碳策略的成本。随着项目时间的增加，三种策略的固碳成本分别有不同的变化趋势。其中，新造林的固碳成本随着项目期限的增加呈下降趋势，延长轮伐期的固碳成本会先下降然后再增加，而禁伐策略的固碳成本会随着时间的增加而上升。

3.5.2　不同策略下森林增加的碳汇量

图 3-11 表示三种不同策略下 30 年内单位面积的累计折现额外固碳量，新造林、延长轮伐期与禁伐策略的累积额外固碳量分别为 9.9、28 与 191 吨 C/公顷。其中，累积额外固碳量最高的是禁伐策略，因为其在项目初期便阻止了成熟阔叶林分的碳排放，具备的价值最高。但随着时间的增加，其累积的固碳额外性将降低，因为在基线情景下原有林分将继续生长固碳。累积额外固碳量最低的为延长轮伐期策略，项目期内单位面积固定的碳储量仅为 27.7 吨 C。这可能是由于在基线情景下所采用的树种为速生针叶树种，其年固碳速率达到最大值的年份较早，成熟期也较早，因此延长

轮伐期所带来的额外固碳量较低。

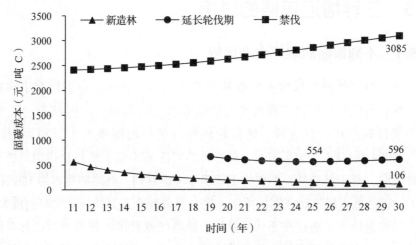

图 3-10 三种不同增汇策略的固碳成本曲线

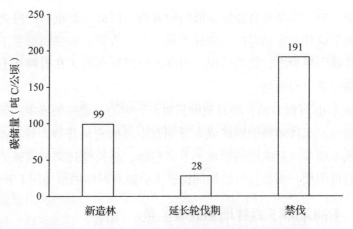

图 3-11 三种不同增汇策略的累积折现额外固碳量

3.5.3 不同增汇策略的选择

本章的结果表明，从社会最优的角度而言，选择在无林地上通过造林的方式来供给森林碳汇是成本效用最高的方式。但在面临无林地资源的约束时，通过在有林地上采取改变森林经营方式与禁伐的策略同样也可以增加森林碳汇。在有林地上，延长现有林分的最优轮伐期比采取禁伐策略的成本更低。但是，由于在相同的项目期限内，通过禁伐而获得的森林碳汇

(191 吨 C)会显著高于新造林(99 吨 C)与延长轮伐期(28 吨 C)，因此政策制定者有动力去选择禁伐的增汇策略。需要指出的是，执行禁伐的策略降低了当地木材的供给量，但木材的需求并未发生变化，会导致其他地区被采伐或利用的木材增加，造成了其他地区的碳泄漏。因此，对整个大气环境而言，实施禁伐策略增加的森林碳汇有限。

第4章 森林增汇的政策工具

第3章探讨了不同增汇方式的成本效率，为政策制定者在制定发展森林碳汇的策略时提供帮助。但是，从社会角度而言，安排怎样的政策工具去增加森林碳汇是最有效率的？这对森林碳汇供给激励政策的制定也具有重要的意义。因此，本章将以公共产品的供给理论为基础，结合森林碳汇的供给现状，对森林碳汇政府供给的必要性与特点进行分析。再通过构建不同政策工具供给森林碳汇的成效理论模型，并结合实际森林增汇策略进行数值研究，为如何激励森林碳汇的供给提供参考。

4.1 森林碳汇的政府供给

4.1.1 木材市场下的森林碳汇供给

森林碳汇提供的减缓气候变化的服务是森林生长的正外部性，即使不采取其他额外的措施，由于木材市场的存在，森林也可以向消费者提供固碳服务。在适宜经营的林地上，经营者会选择合适的树种与经营方案来确定其林地经济效益的最大化。但是，当森林在采伐或遭到毁坏时，其所固定的碳释放又会造成碳的排放。根据联合国粮农组织（FAO）2015年公布的数据，1990年，全世界共有41.28亿公顷的森林，到2015年森林面积已减少到39.99亿公顷，占全球土地面积的比例则由1990年的31.6%减少到2015年的30.6%。1990年至2015年的森林净减少面积为1.29亿公顷（包括天然林和人工林），相当于年均净减少0.13%，或相当于整个南非的总面积。根据IPCC的报告，森林砍伐或林地退化与转换所带来的碳排放已成为除工业碳排放以外的第二大温室气体排放源。

在木材市场下，森林碳汇供给的资金来源于对木材的需求，其供给的数量受木材市场价格的影响。由于不存在自发形成的碳市场，因此在经营者进行决策时，考虑的主要是木材的经济效益，可采用 Faustmann 模型对市场机制下森林碳汇供给的数量进行分析。Faustmann 轮伐期模型建立在无限多个生产周期的基础上，利用林地期望值最大化的方法来确定森林经营的最优轮伐期。Faustmann 模型的基本形式为，

$$Max \; LEV = \frac{- C + P_T V_T \times e^{-rT}}{1 - e^{-rT}} \tag{4-1}$$

式中，C 表示造林成本，P_T 表示木材价格，V_T 表示木材的材积，e^{-rT} 为折现因子。为了保证最优轮伐期不会随着时间变化，因此假设 C、r、p 确定且不随时间发生变化。对上式进行一阶求导，可得到最优轮伐期 T^*，即

$$\frac{\partial \; LEV}{\partial \; T} = \frac{- re^{-rT} PV(T) + PV(T)' \, e^{-rT}}{1 - e^{-rT}} - \frac{re^{-rT} \, [PV(T) \, e^{-rT} - C]}{(1 - e^{-rT})^2} = 0$$

$$\tag{4-2}$$

当 $T = T^*$ 时，得到即为最优轮伐期，$V(T^*)$ 即为最优轮伐期下的森林蓄积量。再利用生物量转换系数法，将蓄积量转换成生物量，再转换成碳储量，即可得到森林固定的碳量。可利用的方程形式如下：

$$CB(T^*) = V(T^*) \times D \times BEF \times CF \tag{4-3}$$

式中，CB 即为市场机制下提供的森林碳汇量，D 为木材密度，BEF 为生物量扩展因子，CF 为碳转换系数。对于不同的树种，这些参数不相同。

4.1.2　政府供给的必要性与特点

木材市场已经能够为社会提供减缓气候变化服务，为何仍需要增加森林碳汇的供给呢？虽然人工种植的森林面积在增加，但总体上，森林退化的趋势在增强，其固碳的作用在减弱。根据 FAO 在 2015 年发布的世界森林资源报告，在过去的二十五年里，全球森林生物碳储量减少了近 17.4 亿吨，这主要是由于将林地转作他用以及森林退化产生的。此外，2010—2015 年间，森林面积年减少量为 760 万公顷，年增长量为 430 万公顷，森林面积年净减少量为 330 万公顷。因此，森林提供的固碳与减排效用在减少，不能满足人类的需求。在市场机制的作用下，森林面积减少的原因是，市场在进行资源配置时，会将土地的使用用途转向边际收益更高的利用方式。

理论上，即使只考虑木材的经济价值时，森林的生长本身已经提供了固碳的效应。因此，当政府进行干预将森林固碳的外部效益内部化，即经营者将固碳的效益作为决策变量之一时，能否在原有的基础上增加森林的固碳量是不确定的。因此，需要对考虑固碳效益时得到的森林碳汇量与只考虑木材价值时的固碳量进行比较，以此验证在考虑木材的市场机制下是否已经达到森林碳汇供给的社会最优状态。

分析森林的碳汇效益对固碳量的影响，可通过分析其对最优轮伐期的影响来进行验证。通过检验考虑碳汇效益的林地期望值（MEV）对轮伐期 T 的导数在 $T = T^*$（T^* 为 Faustmann 轮伐期）的正负，可检验其对考虑碳汇效益时的最优轮伐期的影响。如果 $MEV'(T^*) > 0$，说明在 $T = T^*$ 时，$MEV(T)$ 会随着 T 的延长而增加，因此最优轮伐期将大于 T^*，此时社会的最优固碳量会高于只考虑木材价值时的固碳量 $CB(T^*)$。如果 $MEV'(T^*) < 0$，则表明在 $T = T^*$ 时，$MEV(T)$ 会随着 T 的增加而降低，则最优轮伐期将小于 T^*，此时的最优固碳量会低于 $CB(T^*)$。具体的推导如下，当考虑森林的固碳效用时，林地期望值 $MEV(T)$ 的计算公式为：

$$MEV(T) = \frac{-C + PV(T)e^{-rT} + \int_0^T f(t)e^{-rt}\mathrm{d}t}{1 - e^{-rT}} = LEV(T) + F(T) \quad (4\text{-}4)$$

对 $MEV(T)$ 进行求导，可得：

$$MEV'(T^*) = \frac{e^{-rT^*}}{1 - e^{-rT^*}}[f(T^*) - rF(T^*)] \quad (4\text{-}5)$$

与森林的其他生态效益难以量化不同的是，森林的固碳效用体现在其生长量的增加，因此可以利用生物量法进行量化。假设存在碳价 $P(C)$，则：

$$f(t) = P(C) \times CB(t) = P(C) \times V(t) \times D \times BEF \times CF \quad (4\text{-}6)$$

对 $f(t)$ 求导发现，森林碳汇效用与森林蓄积量相关，是时间 t 的增函数，即森林碳汇效益会随着时间的增长而增加。因此，对于任意一个轮伐期 T，森林在轮伐期内的任意时刻的固碳效益都小于轮伐期末的碳汇效益，即对所有的 $t<T$，都满足：

$$F(T) = \frac{\int_0^T f(t)e^{-rt}\mathrm{d}t}{1 - e^{-rT}} < \frac{\int_0^T f(T)e^{-rt}\mathrm{d}t}{1 - e^{-rT}} = \frac{f(T)}{r} \quad (4\text{-}7)$$

由此可得，

$$MEV'(T^*) = \frac{e^{-rT^*}}{1 - e^{-rT^*}}[f(T^*) - rF(T^*)] > \frac{e^{-rT^*}}{1 - e^{-rT^*}}\left[f(T^*) - r\frac{f(T^*)}{r}\right] = 0$$

$$(4-8)$$

因此，当考虑森林的碳汇效益时，最优轮伐期会增加，从而森林固定的碳汇量也会增加。在市场机制下，由于只考虑木材的市场价值，导致降低了森林碳汇的供给，因此市场失灵出现，需要政府进行干预。

森林碳汇的政府供给一般指政府部门通过税收为主要手段筹集资金，再安排政府支出通过造林等方式提供森林碳汇以减缓气候变化的供给方式。政府供给机制在森林碳汇供给方面的主要优势包括以下两方面。

第一，供给政策工具的多样化。森林碳汇供给的现状表明，直接投资与创建碳交易市场发展森林碳汇是政府供给现有的两种政策工具。一方面，由国家林业主管部门或省级政府（如广东省）通过财政支出的方式，直接投资造林生产森林碳汇已成为重要的发展方式。政府部门通过项目招投标的方式，安排具有造林资质的企业或机构按碳汇造林标准造林，并由林业部门负责项目的监督、验收与管理，以保障林木的成活率。另一方面，通过创建碳排放交易市场与温室气体自愿减排交易市场，以市场机制激励经营者按照一定的造林方法学生产森林碳汇。

第二，森林碳汇供给的规模大。政府在供给森林碳汇时，体现出的是一种供给主导型的决策机制。在森林碳汇的政府供给中，政府作为社会效益的代表者，基于社会效用最大化原则，确定森林碳汇供给的数量。截至2020年12月底，由政府通过创造市场工具激励生产的碳汇林规模已达约255万公顷，自愿参与的碳汇造林项目实际上很少。

4.2　不同政策工具固碳成本的理论模型构建

4.2.1　政府供给的不同政策工具

在森林碳汇的政府供给机制中，除了直接通过财政支出投资以外，政府部门还可以采用其他多种政策工具来供给与管理（Sterner & Coria，2012）。政策工具是指为实现某一政策目标而采用的各种技术、方法与手段的总称。在自然资源管理领域使用的政策工具一般可分为四大类，包括利用市场、创造市场、环境管制与公众参与，具体见表4-1。

表4-1　政策工具的分类

利用市场	创造市场	环境管制	公众参与
补贴	产权	标准	公众参与
环境税	可交易的许可	禁令	信息披露
使用者交费	国际抵消机制	定额	
押金偿还机制		分区	
针对性补贴		债务	

来源：世界银行，1997①。

如表4-1所示，"利用市场"类型的政策工具包括补贴、各类税费等，在自然资源的管理中具有广泛的适用性。而"创造市场"类型的政策工具的核心是对产权的界定，在环境领域适用最广的即排放权的界定。"环境管制"的类型包括各类标准、禁令等，需要行政的命令来执行。最后一类，即"公众参与"，包括信息披露、集体参与资源的管理等。除了表4-1中的政策工具以外，政府的直接投资供给也是一种十分重要的政策工具，可降低信息成本，减少效率损失。

政策工具在被采用时，其达成目标的成效如何是决定其是否被采用的重要因素。因此，本节将结合不同的林业增汇方式，探讨政府的直接投资、采用补贴的方式与创造碳市场的三种政策工具供给森林碳汇的效率，以此为森林碳汇供给的激励机制设计提供依据。采用成本效用的分析方法对这些政策工具进行比较时，由于对森林的固碳量无法进行直接的货币度量，因此存在两种比较的方法。一种方法是，通过设定投资的额度，测算不同政策工具可固定的碳汇量。例如，假定政府部门预算在明年通过财政投资1000万元用于增加森林碳汇，通过比较不同政策工具所能固定的碳汇量，从而选定采用何种政策工具。另一种方式则是，通过设定增加碳汇量的目标，测算不同政策工具所需花费的成本。例如，假定政府部门计划在原有基础上达成增加100万吨C的总目标，通过比较采用不同的政策工具所需要的成本，来选定采用何种政策工具。在采用这两种方法时，政府的

---

① World Bank. 1997. Five Years after Rio: Innovations in Environmental Policy. Environmentally-Sustainable Development Studies and Monograph Series, no. 18. Washington, DC: World Bank.

总投资或者希望达成的总固碳目标都需要通过单位面积林地的投入或固碳目标来实现。确定不同政策工具的单位面积成效时，需要确定的主要是两个方面的数据：一是投入成本，即 C；二是政策工具的增汇量，即 ΔS。只有当两个数据中的一个被确定后，才可以计算得到另外一个数据。当采用确定投资额的方法时，难以通过投资额来确定创建碳市场工具的碳汇价格，继而不能确定此时可增加的碳汇量。但是，当采用确定固碳增汇目标的方法时，由于单位面积的 ΔS 已经确定，可据此确定达成目标所需的碳汇价格，继而确定成本 C。因此，在本研究中，主要是采用设定增汇目标的方法来对不同政策工具的成效进行计算。假设为了减缓气候变化，政府部门希望采取一定的政策工具，激励经营者在单位面积的林地上增加生产森林碳汇 ΔS。

在市场机制下，假设森林经营者在无限多个轮伐期下选择的最优轮伐期为 T^*，则在一个轮伐期内在单位面积上能供给的累积森林碳汇量 $Y(T^*)$ 为：

$$Y(T^*) = V(T^*) \times D \times BEF \times CF \qquad (4-9)$$

式中，$V(T^*)$ 为木材收获时的蓄积量，D 为木材密度，BEF 为生物量扩展因子，CF 为碳转换系数。同样，由于假设在不同时期固定的碳提供的减缓气候变化服务的效益不同，因此本研究采用折现法对森林所固定的碳进行折现，即

$$S(T^*) = \sum_{t=0}^{n} \frac{\Delta Y_t}{(1+r)^t} \qquad (4-10)$$

式中，ΔY_t 为在 t 年时的碳汇年增量，$S(T^*)$ 为单位面积内的累积折现碳汇量。

4.2.2 直接投资工具的增汇成本分析

政府直接投资的政策工具指是由政府机构与其雇员直接提供某些物品或服务，在本研究中即指由政府部门直接投资供给森林碳汇。当政府部门采用直接投资的政策工具时，主要是利用在无林地上造林的方式来增加森林碳汇。在选择生产者时，政府部门可以由自己的代理机构如各级林场、森林公园等直接在国有无林地上造林，也可以通过征用集体所有的林地再以公开招投标的方式将造林任务委托给具有一定造林资质的企业或机构。

假设不考虑其他交易成本或政府机构的内部成本时，直接投资工具的成本主要包括两方面：一是在无林地造林的种植成本，假设为 C_f；另一方面为碳储量增加 ΔS 所需时间内，需要支付的土地租金，即土地用于造林的机会成本。假设新造林增加 ΔS 的碳储量需要 t 年，每年末需支付的年租金为 R，则在 t 年内需支付的总的地租的净现值为 $R \times \dfrac{1-(1+i)^{-t}}{i}$。对于林地承包者而言，当他利用此块林地进行同龄林造林时，可以获得的利润的净现值为 $NPV(t) = \alpha \times PV(t)\,e^{-rt} - C$。只有当两者相等时，林地出租的市场才会达到平衡，因此林地出租的成本即为 t 年内同龄林经营的土地净现值。因此，政府直接投资造林的总成本即为：

$$C_T = C_f + NPV(t^*) \tag{4-11}$$

式中，α 为出材率，C_f 即为初期造林所需投入的成本，$NPV(t^*)$ 为达到增汇目标时的利润的净现值，即当 $t = t^*$ 时，$S(t^*) = \Delta S$。因此，当知道 t^* 时，即可得到政府直接投资供给所需的总成本。

需要指出的是，政府部门选择直接投资在无林地造林的前提是，在现有的木材市场机制下，集体林地或国有林地的所有者可获得的林地收益的净现值会小于零，因此选择放弃经营。由 $NPV(t) = \alpha \times PV(t) \times e^{-rt} - C$ 可知，导致 $NPV < 0$ 的可能原因包括成本 C 太大，消费者面临的木材价格 P 太小，以及立地条件太差导致蓄积量 V 太小等。由于经营者没有选择去经营无林地，因此无法获得此时的成本 C 或其面对的木材收获价格 P 的观测数据。在本研究中，假设这种林地的荒废是由于立地条件太差导致的，因此可利用差的立地条件的数据来对直接投资无林地造林的政策工具进行分析。

4.2.3　补贴工具的增汇成本分析

补贴工具是指由政府或其指定的机构赋予个人、企业等以财政转移，使受补贴者采取政府所希望发生的行为，包括直接拨款、税收减免与担保等形式。当采取补贴工具来激励森林碳汇的供给时，可采用包括造林与延长轮伐期两种策略在原有的供给水平上来增加森林碳汇。假设政府的政策目标仍是在单位面积上增加森林碳储量。

当采用补贴鼓励新造林增加森林碳汇时，假设政府与森林经营者签订合约，森林经营者在无林地造林固碳，当所固定的碳达到 ΔS 时，政府将一次性给与补贴 Y。假设当 $t = t^*$ 时，$S(t^*) = \Delta S$。对于森林经营者而言，他在 $t = 0$ 时，投入成本 C 造林。当时，他可以获得的收入为：

$$I = Y + PV(t^*) \qquad (4-12)$$

将森林经营者在 t^* 时的总收入折现，其净现值为 $I \times (1 - e^{-rt^*})^{-1}$。因此，只有当经营者在 t^* 时总收入的折现值大于等于初期的造林成本时，他才会选择造林，即

$$[Y + PV(t^*)] \times (1 - e^{-rt^*})^{-1} \geq C \qquad (4-13)$$

可以得到，

$$Y \geq C \times (1 - e^{-rt^*}) - PV(t^*) \qquad (4-14)$$

将 Y 折现到初期，即相当于在初期需至少补贴 $Y = C - PV(t^*) \times (1 - e^{-rt^*})^{-1}$。同样，政府采取补贴的方式激励经营者以造林的方式增加森林碳汇存在前提条件，即林地荒废的原因可能是前期的造林成本或收获的成本非常高，从而导致在考虑木材的经济效益时，森林经营者不愿意去投资造林。

除了补贴造林以外，还可采用补贴激励森林经营者通过延长轮伐期的方式增加森林碳汇。同样，在市场条件下，考虑一个轮伐期时，森林经营者固定的最优碳储量 $S(T^*)$ 为：

$$S(T^*) = V(T^*) \times D \times BEF \times CF \qquad (4-15)$$

随着时间的增加，森林的蓄积量 $V(t)$ 增加，从而 $S(t)$ 增加。假设当 $t = t^*(t^* > T^*)$ 时，

$$S(t^*) = S(T^*) + \Delta S \qquad (4-16)$$

表明当轮伐期延长 $t^* - T^*$ 年，即可增加 ΔS 的碳储量。当森林经营者选择 T^* 作为轮伐期时，他可以获得最大的林地收入，即折现值 $NPV(T^*)$。而将轮伐期延长时，他能获得的折现收益将减少，为 $NPV(t^*)$。因此，当政府采用补贴的政策工具时，其所支付的补贴金额 Y 必须大于或等于森林经营者因延长轮伐期所导致的林地期望收入的减少，即

$$Y \geq NPV(T^*) - NPV(t^*) \qquad (4-17)$$

式中，Y 即为采用补贴工具完成增汇目标时的成本。

4.2.4 创造市场工具的固碳成本分析

由于大气环境的公共物品属性，企业在生产过程中所产生的碳排放成

本主要由社会承担，导致社会成本大于私人成本，大气资源未得到有效配置。通过创造碳市场工具，对排放权进行界定，可以降低交易成本。由于不同的企业碳排放的边际成本不一致，允许碳排放权进行交易可帮助碳减排边际成本较高的企业购买碳减排边际成本低的企业的排放权，降低社会的总减排成本，从而以最有效的方式实现控制温室气体排放的目标。根据世界银行 2020 年发布的碳定价报告，截至 2020 年 4 月，全球已有 31 个碳排放权交易市场和 30 项碳税机制，覆盖了 46 个国家和 2 个地区近 120 亿吨二氧化碳当量的碳排放，约占全球温室气体排放总量的 22%。

森林所固定的碳可作为工业碳排放的补充，作为核证自愿减排交易机制参与碳排放权交易，因此碳市场也能激励森林固碳增汇。当采用碳排放配额交易的政策工具时，由于森林所固定的碳存在市场价值，因此森林经营者在决策时会同时考虑木材价值与固碳价值。同样，采用碳市场工具也可通过两种林业策略来增加森林碳汇。

首先是采用新造林的方式来增加森林碳汇。采用新造林方式的前提假设是当不存在碳市场工具时，经营者将不会采取造林行为，因此林地是无林地。当存在碳市场时，假设碳价为 P_C，则森林经营者在任意时间点 t 的利润来自木材收入与碳收入两方面。假设当 $t=t^*$ 时，$S(t^*) = \Delta S$。此时有：

$$\pi_0 = (1 + i)^{-t^*} \times \left[P_T \times V(t^*) + \int_0^{t^*} P_C S(t) \mathrm{d}t \right] - C \qquad (4-18)$$

式中 $\int_0^{t^*} P_C S(t)\,\mathrm{d}t$ 表示在 t^* 时的碳收益，因为森林的固碳作用是连续的，因此采用积分的形式。当碳市场工具产生作用时，表明 $\pi_0 \geq 0$，此时有 $\int_0^{t^*} P_C S(t)\mathrm{d}t \geq C(1 + i)^{t^*} - P_T V(t^*)$，即表明森林经营者至少从碳市场获取到 $C(1 + i)^{t^*} - P_T V(t^*)$ 的收益。因此，碳市场工具的最低成本即为 $C(1 + i)^{t^*} - P_T V(t^*)$。

同样，碳市场也可通过延长轮伐期来增加森林所固定的碳，从而达到碳目标。当只考虑木材的经济效益时，在无限多个轮伐期下，森林的最优轮伐期为 T^*，此时的土地期望值为 $LEV(T^*)$，碳储量为 $S(T^*)$。当存在森林碳汇市场时，假设只考虑单个轮伐期下的最优决策，则最优轮伐期的模型为：

$$Max\ NPV(t,\quad P_C) = -\ C + P_T V(t)\ e^{-rt} + \int_0^t P_C S(t)\,\mathrm{d}t \qquad (4\text{-}19)$$

假设木材市场价格是稳定的，则此时轮伐期的选择与碳汇价格是最大化林地期望值的两个决定因素。假设当 $t = t^*$ 时，$S(t^*) = S(T) + \Delta S$，即当轮伐期选择在 t^* 时，能达成碳储量增加 ΔS 的目标。一般来说，当考虑森林的碳汇价值时，随着碳价的上升，林分的最优轮伐期会得到延长。随着碳价格的升高，森林经营者会相应调整其轮伐期选择，假设 $P_C = P_C^*$ 时，考虑碳汇价值的林分的最优轮伐期调整为目标轮伐期 t^*。这表明社会承担的碳排放价格达到 P_C^* 时，才能利用森林达成额定的增汇目标。碳市场工具只对在原有情景下新增的碳汇量即额外性进行回报，则采用碳市场工具达成增汇目标的成本为 $P_C^* \Delta S$。

4.3 不同政策工具固碳成本的实证分析

4.3.1 分析方法

首先，需要设定要达成的政策目标，即对不同政策工具的成本进行比较，为完成这一目标不同政策工具需付出的成本是多少。在本章中，假设政府使用不同政策工具的主要目的是为了增加林地的森林碳汇量，因此将政策目标设定为每公顷林地在原有基础上增加 10 吨 C。

其次，选择经营的树种。由于不同树种固碳能力不一样，且本章的主要目的是比较不同政策工具的固碳成本，因此选择同一树种进行比较。本章仍选用南方地区广泛种植并占据重要地位的用材树种杉木作为经营树种，同时为了简化碳汇量计量模型，采用同龄纯林的经营模式。单位面积杉木的蓄积量公式如下：

$$V(t) = 4.535 \times SI^{1.609} \times (1 - e^{-0.096t})^{3.72} \qquad (4\text{-}20)$$

式中，SI 表示林地的立地指数。根据南方杉木研究小组（1983）的测算，以及对成本数据的实地调研，得到不同立地条件下的立地指数与成本，见表 4-2 所示。

表 4-2　不同立地条件下的林地指数与造林成本

立地条件	优等地	中等地	劣等地
立地指数	21	17	10
成本(元/公顷)	10400	11445	12195

注：数据来源于实地调查。

本研究中，对于有林地，主要采用中等立地条件下的指数，即 SI = 17，此时的杉木林造林成本为 11445 元/公顷。而对于无林地新造林，采用劣等地的立地指数与造林成本。为了比较补贴工具在各种不同立地条件下延长轮伐期的成本，将优等地的立地指数与成本也表示出来。杉木的生物量参数以及收益数据同第 3 章。

最后，对于不同政策工具，其可选择的森林增汇策略也存在不一致，需要对其进行设定。对于直接投资工具，参考实际中已经发生的模式，即由政府的代理人选择公开招投标的方式采取无林地造林的增汇策略。对于补贴工具与创造市场工具中的增汇活动，由于新造林只能发生在市场条件下森林经营者不愿意造林的林地，前提条件即造林成本太大或是采伐成本太高。因此，一方面其导致的固碳成本可能就高于延长轮伐期的行为，另一方面也导致缺乏森林经营者在此条件下经营的观测数据，因此本节只对补贴与创造碳市场的延长轮伐期行为进行研究。

4.3.2　主要结果与讨论

4.3.2.1　政府直接投资

当政府部门采用直接投资造林的政策工具时，假设政府部门通过租用集体林地进行造林。由于新造林所固定的碳都是在原有基线上新增加的，因此当造林完成后，累积折现碳储量达到 10 吨 C/公顷即达成所规定的政策目标。为了表示无林地的前提条件，假设政府投资的是荒废的劣等地造林。图 4-1 表示了在劣等地条件下，杉木人工林的固碳曲线。虽然森林固碳是一个连续的过程，由于给定的生长方程是关于时间的离散方程，因此只能得到每个时间点的累积碳储量。从图 4-1 可以看出，到第 13 年时，累积的固碳量为 9.8 吨 C/公顷，而到第 14 年时，累积固碳量已达 10.9 吨 C/公顷，因此到第 14 年时即可达到增加 10 吨 C/公顷的目标。

根据 4.2 节中推导的直接投资工具的固碳理论模型，此时固碳成本包括两个部分：一是投资无林地造林的直接投资成本，即 C_f；另一部分是林地的地租，通过林地经营的净现值来得到。当确定 14 年即可达到增汇的政策目标之后，则林地的地租即为正常经营下第 14 年的林地净现值，因此总成本即为：

$$C_T = C_f + NPV(14) \qquad\qquad (4\text{-}21)$$

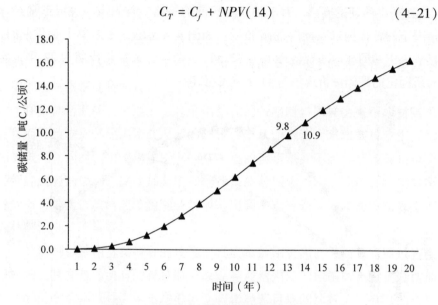

图 4.1　杉木人工林的累积固碳量 $(SI = 10)$

由于第 14 年的林地净现值为 2378 元/公顷，因此，在杉木人工林地上政府直接投资增加 10 吨 C/公顷的总成本为 14573 元/公顷。

需要指出的是，上述结果未考虑达到目标后林地的利用情况。当政府在无林地投资造林完成固定 10 吨 C/公顷的目标之后，此时由于林木的生长仍未达到最佳的轮伐年龄（劣等地在只考虑单个轮伐期的条件下的收获年龄为 22 年，此时的林地净现值为 6413 元/公顷，森林折现固碳总量为 17.5 吨 C/公顷），因此林木不会被收获，未达到均衡状态。在租约期满后即使将林地交由集体林地所有者经营，经营者的最佳策略仍是保留林木让其继续生长，从而森林继续提供了固碳价值。因此，到最优轮伐期（22 年）时，无林地投资造林会达到均衡状态，此时的总成本为 18608 元/公顷，增加的碳汇为 17.5 吨 C/公顷。

4.3.2.2 政府对经营者进行补贴

当政府部门决定对集体林地的经营者进行补贴以增加森林碳汇时，假设主要是通过激励经营者在原有经营期限的基础上延长收获时间。根据4.2.3 节中的理论模型，对于延长轮伐期的策略，首先需要决定正常经营情况下的轮伐期以及此时的碳储量。如图 4-2 所示，考虑单个轮伐期时，杉木人工林的林地净现值最大为 32256 元/公顷，最优轮伐期为 22 年，此时所固定的碳储量折现值为 41.1 吨 C/公顷。

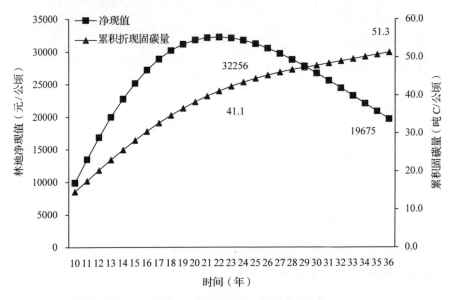

图 4-2　杉木人工林的林地期望值与累积折现固碳量($SI=17$)

为了达到增汇目标，必须在原有基础上再增加 10 吨 C/公顷，即累积碳汇量大于等于 51.1 吨 C/公顷。从图 5-2 可以看出，当杉木人工林生长到第 36 年时，累计固碳量为 51.3 吨 C/公顷，刚好达成固碳目标。因此，采用补贴工具时，只有鼓励经营者将杉木人工林的轮伐期从 22 年延长到 36 年才能达成政策目标。根据 4.2.3 节中的理论模型，完成这一固碳目标的成本为，

$$Y \geqslant NPV(22) - NPV(36) \qquad (4-22)$$

即给定的补贴额至少要大于延长轮伐期所带来的林地净现值的下降额。从图 4-2 可以看出，第 36 年时的林地净现值为 19675 元/公顷，因此

最小的补贴额为 12581 元/公顷，即为执行补贴政策工具的固碳成本。

　　本节的结果表明，通过补贴工具延长轮伐期完成增汇目标的成本低于直接投资造林。但是，在怎样的立地条件下其成效最高，即政府部门应该选择补贴何种立地条件的林木增加森林碳汇呢？图 4-3 表示在劣等立地与优等立地条件下的累积折现固碳量。同样，在只考虑单个轮伐期的净现值时，两种立地条件下的林地净现值都是在第 22 年时达到最大，分别为 6412 元/公顷($SI=10$)与 50997 元/公顷($SI=21$)，此时两者的累积折现固碳量分别为 57.8 吨 C/公顷与 17.5 吨 C/公顷。如图 4-3 所示，在劣等地条件下，到第 40 年时，林地的累积折现固碳量也仅为 21.5 吨 C/公顷，难以达成增加 10 吨 C/公顷的固碳目标。此时，林地收益的净现值也会逐渐减小甚至变为负值，第 40 年的值为 -921 元/公顷。而在优等立地条件下，在第 31 年时，累计折现固碳量为 67.9 吨 C/公顷，完成了增汇 10 吨 C/公顷的目标，此时的林地净现值为 41660 元/公顷。

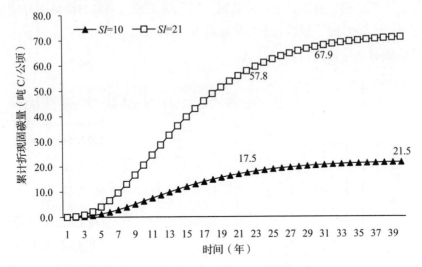

图 4-3　不同立地条件下的累计折现固碳量

　　因此，在优等立地条件下，采用补贴工具增加 10 吨 C/公顷的补贴额应该满足

$$Y \geqslant NPV(22) - NPV(31) = 9337 \tag{4-22}$$

　　即在优等地上，政府部门完成每公顷增加 10 吨 C 的政策目标所需的成本为 9337 元，低于中等立地条件下的成本(12581 元)。因此，相对来

说，立地条件越好，利用补贴工具激励经营者延长轮伐期完成增汇目标的成本会更低。

4.3.2.3 创造碳市场

当采用创造碳市场的政策工具时，政府部门通过设置总量目标，分配碳排放配额并允许不同的控排企业进行交易，从而通过市场机制达到总量降低的目标。当森林增加的碳汇可允许参与碳市场时，政策制定者希望通过碳汇价格影响森林经营者的决策行为，继而达成增汇的政策目标。同样，假设碳市场工具是通过延长轮伐期来增加森林的碳储量。首先仍是需要获得在正常情况下经营者会选择的经营期限以及此时的碳储量，从图4-2可知，只有当轮伐期延长到第36年时，累积固碳量为51.3吨C/公顷时，即可完成增加10吨C/公顷的政策目标。图4-4表示了最优轮伐期随着碳汇价格波动的情况，随着碳汇价格的升高，经营者会相应延长轮伐期。通过设定不同的碳汇价格，采用离散逼近的方法发现，当碳汇价格刚好增加到5263元/吨C时，经营者会选择在第36年时收获，此时考虑木材价值与碳价值的林地净现值为277592元。

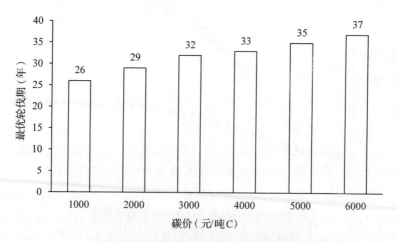

图 4-4 不同碳汇价格下的最优轮伐期

根据4.2.4节中的理论模型，此时政府部门付出的总成本即为经营者从碳汇林中获得的碳汇收益，即

$$Y = P_C^* \times \Delta S = 10 \times 5263 = 52630 \qquad (4.23)$$

经营者从碳市场获得的增汇收益为52630元/公顷，即采用碳市场工具

在单位面积的林地上增加 10 吨 C 的成本为 52630 元。

4.3.2.4　讨　论

当采用不同的政策工具在杉木人工林地增加 10 吨 C 时，所需花费的成本如表 4-3 所示。结果表明，成本最低的为采用补贴工具延长森林的轮伐期限，为 12581 元/公顷。同时，立地条件越好，采用补贴工具完成增汇目标的成本会越低。成本最高的为采用碳市场工具延长森林的轮伐期限，为 52630 元/公顷。直接投资工具与补贴工具的固碳成本比较接近，而创造碳市场工具增加碳汇的成本则远高于二者。创造碳市场成本过高的原因可能来自两方面：一是杉木是一种速生树种，其连年生长量在生长早期即达到了最大值，后期生长速度降低，从而固碳速率降低，导致最优轮伐期对碳价的变动并不敏感；另外一方面则是由于政府在创造碳市场时，碳汇价格会影响工业部门的生产能力，因此提高了这一政策工具的社会成本。需要指出的是，为了简化模型，在研究补贴工具与碳市场工具的成本效用时，假定无林地造林的成本很高或是收获成本高从而导致经营者未选择在无林地上采取造林的行为。这种假设符合一定的实际情况，但集体所有的无林地也有可能是由于个体经营者经营林地的收益比其他选择更低，因此而主动选择的抛荒行为。

表 4-3　不同政策工具完成增汇目标(10 吨 C/公顷)的成本

政策工具	增汇策略	成本(元)
直接投资	造林	14573
补贴工具	延长轮伐期	12581
碳市场工具	延长轮伐期	52630

第5章 森林碳汇效益对经营者决策的影响

　　作为减缓气候变化的重要方式，森林碳汇提供的固碳服务是一种重要的公共产品，同时是森林生产过程的外部性。政府供给可保证森林碳汇供给的规模，应在森林碳汇的供给中承担更多的责任，成为主要的供给主体。集体林权制度改革以后，林地的承包经营权归林农所有，林农成为森林经营的主体，即为森林碳汇生产的主体。根据第九次森林资源清查的数据，全国林地面积中，集体林地为19287.1万公顷，占林地总面积的59.59%。集体所有的森林面积为13385.4公顷，占森林总面积的61.34%。因此，结合集体林权制度改革的背景，以及森林碳汇的特性，由政府供给—林农生产的森林碳汇供给模式应是森林减缓气候变化在南方集体林区发展的主要方式。前面的两章从成本效用的角度分别讨论了森林增汇的不同策略与机制，为政策制定者在激励何种森林碳汇生产方式与如何激励提供了参考。但是，作为森林碳汇的生产者，面对政策制定者给予的碳汇效益激励时，森林经营者的经营行为有什么反应？再具体而言，林地的自然禀赋条件(立地质量)、不同生长速率的经营树种、不同的碳库对森林经营者的经营行为会有怎样的影响？由于经营者经营行为的变化会影响森林的生产力，继而影响森林碳汇的供给量，因此也有助于为政府部门在森林碳汇供给中激励机制的设计提供参考。

5.1　森林经营的决策模型与方法

　　在森林经营中，经营行为包括整地、挖穴、树种选择、抚育、病虫害管理、间伐与皆伐等。对于经营者而言，经营决策变量包括树种的选择、抚育行为的选择、病虫害管理行为的选择与林木轮伐期的选择等。在所有这些决策行为中，轮伐期即林木的收获时间对森林的经营具有最重要的意义。一方面，轮伐期直接影响经营的经济效益与环境效益，因此为了获得最大的收益，选择最优的轮伐期非常重要。另一方面，最优轮伐期是选择其他经营措施的先决条件，轮伐期选择导致的不同经济效益会决定不同土地上适宜的造林树种、抚育行为等。因此，本研究将使用轮伐期作为经营者的决策变量来考察其经营行为。

5.1.1 模型的建立与方法

本研究以无林地同龄林造林为基础，构造木材收益与碳汇收益的模型。因为有林地的最优轮伐期的决策问题是无林地的特殊情况，即无林地林分生长一段时间后达到的状态。当有林地的生长年限已超过无林地的最优轮伐期时，其最优策略即为收获。此外，由于考虑的是无限多个轮伐期，为了保证在每个轮伐期林分的最优采伐年龄保持不变，因此假设木材和碳汇的价格、造林成本、林分生长函数以及折现率已知，而且不随时间变化。林地净现值法是目前求解同龄林最优轮伐期的常用方法，即通过最大化林地的收益来确定林木的轮伐期。只考虑木材价值的模型是 Faustmann 模型，同时考虑木材价值与非木材效益的是 Hartman 模型，其基本形式如式(5-1)与式(5-2)所示。

$$LEV(T) = \frac{-C + \alpha PV(T) e^{-rT}}{1 - e^{-rT}} \qquad (5-1)$$

$$MEV(T) = \frac{-C + P_T\alpha V(T) e^{-rT} + \int_0^T P_c f(t) e^{-rT}\mathrm{d}t}{1 - e^{-rT}} \qquad (5-2)$$

式中，C 表示造林成本，P_T 表示木材价格，$V(T)$ 表示单位面积林分的蓄积量函数，α 表示主干收获量，P_c 表示碳价，$f(t)$ 表示碳储量变化函数，r 表示折现率。从式(5-2)可以看出，碳汇价格 P_c 与折现率 r 是不确定的变量，会对林地期望值与最优轮伐期造成影响，继而改变经营者的经营决策行为。为了分析碳汇价格与折现率对经营决策行为的影响，本研究将采用敏感性定量分析的方法。敏感性分析主要用于检验模型中参数对于经济产出的相对影响，具体是通过改变决策模型中的参数值，并对模型进行重新求解来确定各参数所导致的最优轮伐期与林地期望值的具体变化量。在本研究中，为了分析敏感性，还参考前人的研究，使用弹性系数去衡量折现

率或碳价变动带来的改变量(于金娜等, 2014), 具体公式如下:

$$\omega = \left| \frac{\Delta Y/Y}{\Delta X/X} \right| \tag{5-3}$$

对于森林所固定的碳储量, 可采用蓄积量-生物量扩展因子法对碳储量进行计算, 基本模型为,

$$S_C = V_i \times D_i \times BEF_i \times (1 + R_i) \times CF_i \tag{5-4}$$

式中, S_C 表示单位面积林分的碳储量, V_i 表示林分的蓄积量, D_i 为木材密度, BEF_i 为生物量扩展因子, R_i 表示的是地上生物量与地下生物量的比率, CF_i 表示碳转换系数。本研究考虑的生物量碳库包括林木地上部分所有的生物量(即主干、枝、树叶等)与地下生物量。

通过 Hartman 模型可以确定考虑碳汇效益时林分的最优轮伐期 T^* 与林地期望值, 再通过 T^* 可得到收获时森林所固定的碳汇量。在具体运用模型计算时, 主要是采用 EXCEL 编写最优化模型公式来得到最优轮伐期、林地期望值与碳汇量等。

5.1.2 主要数据及其来源

为了考察不同的立地条件与不同的碳库对经营决策的影响, 基于数据的可得性, 同样采用了在中国南方广泛种植的杉木作为主要树种。而为了比较不同生长速度的树种, 采用杉木与荷木作为造林树种, 比较两者的森林碳汇供给量及经营者的决策行为。

杉木林分的生长模型与荷木单株材积的生长模型如表 5-1 所示。杉木人工林的生长模型采用的是陈则生(2010)考虑了不同立地条件得到的单位面积蓄积量生长模型, 而荷木单株木材积采用的是胸径-树高生长模型。

表 5-1 中, SI 表示立地指数, 立地指数是评价林地质量的重要指标, 是指林分在基准年龄时(林分的基准年龄是林分优势高生长达到最高峰或趋于稳定时期的年龄)的优势木高; DBH 表示的是胸径, 一般用树高在 1.3 米时的直径表示; H 表示树高。

表 5-1　杉木与荷木的生长模型

树种	生长模型
杉木	$V(t) = 4.535 \times SI^{1.609} \times (1 - e^{-0.096t})^{3.72}$
荷木	$V = 6.01228 \times 10^{-5} \times DBH^{1.87550} \times H^{0.98496}$ $DBH = 21.29/(1 + 40.84 \times e^{-0.178x})$ $H = 1/(0.03892 + 0.3917/DBH)$

　　由于本研究中仍采用杉木作为研究对象，因此对其木材价格、蓄积量–生物量转换模型等参数仍与第 4 章中的一致。这里需要重新确定的是立地指数，由于立地条件不同会带来造林投入以及碳价格的改变。本研究采用南方十四省（区）杉木栽培科研协作组对杉木人工林立地条件为期 5 年（1978—1982 年）的研究成果，20 年生的杉木人工林好、中、差三种立地条件的立地指数分别为 21、17 与 10。不同的立地条件下，由于基肥的投入与人工的投入不一致，因此经营者前期造林投入的成本也不同。通过对广东省河源市和平县与肇庆市封开县杉木人工林经营大户的调查，收集了在不同的立地条件下投入的成本数据。为了考察碳收益对不同立地条件下最优轮伐期与固碳量的影响，采用的是上海环境能源交易所 2015 年 10 月一个月交易日正式成交的中国自愿核证减排项目（CCER）的价格的平均价。因为森林碳汇也属于自愿减排项目之一，因此其价格能更好地表现森林碳汇可能交易的价格。

　　由表 5-1 生长模型得到的是荷木的单株蓄积量，因此需要设定其单位面积的种植密度。在这里采用《广东省森林碳汇重点生态工程》中对乡土阔叶树种的种植密度安排，即 89 株/亩，为 1335 株/公顷。荷木在经营时一般作为杂木经营，因此在调查中很难收集到荷木种植成本的数据，仍采用碳汇林工程中阔叶树的种植成本。荷木的木材价格参数来自中国木材网广东鱼珠国际木材市场的原木价格。具体参数见表 5-2。

表 5-2　不同立地条件下杉木人工林的造林成本

造林成本	$SI = 10$	$SI = 17$	$SI = 21$
C（元/公顷）	12195	11445	10400
P_C（元/吨 CO_2）		14	

注：数据来源于实地调查与上海环境与能源交易所。

表 5-3　荷木生长与成本价格参数

参数	参数说明	参数值
R	地上与地下生物量之比	0.258
D	木材密度	0.598
BEF	生物量扩展因子	1.894
CF	生物量含碳率	0.497
α	出材率	0.76(胡国登，2007)
C	造林与抚育成本(元/公顷)	10500
P_T	除去采伐成本后的木材价格(元/立方米)	1300

注：数据来源于广东省森林资源调查常用数表、《中华人民共和国气候变化第二次国家信息通报》。

5.2　不同立地条件对森林碳汇供给的影响

立地质量是合理科学造林的基础，对森林生产力有着重要的作用。立地质量的高低通常通过地位指数来衡量，在同龄林的生长与收获中被普遍应用。立地质量的高低会影响森林的生长，导致森林经营者收获的不同，继而对经营者的决策行为造成影响。本节以杉木人工林为例，通过对不同立地质量条件下林农经营决策行为的研究，讨论林地质量对森林碳汇供给的影响。

5.2.1　不同立地条件下的最优经营策略

当不考虑森林的固碳价值时，不同立地条件下的最优经营策略如表5-4所示。在优($SI=21$)、中($SI=17$)与差($SI=10$)三种立地条件下，经营者选择的最优轮伐期分别为18年、18年与20年。在中等立地条件下得到的结果与陈则生(2010)、朱臻等(2013)对杉木人工林最优轮伐期的研究一致。在差的立地条件下，杉木人工林经营者选择的最优轮伐期会高于中等地与优等地。林地净现值的结果表明，差等地经营人工杉木林的收获会远小于中等地与优等地，其收益的净现值比中等地减少41066元/公顷，减少了4.16倍，比优等减少71256元/公顷，减少了7.22倍。结果表明，立地条件越好，最优轮伐期时的累积固碳量越高。劣等地条件下的固碳量最低，为 30.1 吨 C/公顷，而优等地下的累积固碳量为 86.6 吨 C/公顷，高出 56.6 吨 C/公顷，约为劣等地下的 3 倍。中等立地条件与优等立地条件下虽然最优轮伐期一致，但累积固碳量比优等立地条件下低了 25 吨 C/公顷。因此，当立地条件越好时，林农即使选择同一轮伐期，由于收获时的蓄积量更高，因此也能获得更多的收益与提供更多的森林碳汇。

从表 5-4 也可以看出，当同时考虑森林的固碳目标时，最优轮伐期在三种立地条件下都没有发生变化，这表明当前的碳汇价格并没有对林农的经营决策行为造成影响。由于最优轮伐期并未发生改变，因此碳汇的供给量也没发生变化。但当前的碳汇价格已经增加了林农的收益，在劣等地条件下增加了 1304 元/公顷的收益，增加了 13.2%。而在中等地与优等地条件下，虽然增加收入的绝对数值比劣等地高，但其相对值会小，其中中等地的收益仅增加了 5.8%，优等地增加了 5.1%。

表 5-4　不同立地条件下的最优决策与碳汇量

立地指数	收益净现值（元/公顷）		最优轮伐期（年）		累积碳储量（吨 C/公顷）	
	单一目标	双重目标	单一目标	双重目标	单一目标	双重目标
$SI=10$	9852	11156	20	20	30.1	30.1
$SI=17$	50918	53882	18	18	61.6	61.6
$SI=21$	81108	85272	18	18	86.6	86.6

5.2.2　折现率与碳价的敏感性分析

折现率对不同立地条件下最优轮伐期与森林碳汇供给量的影响如图 5-1 与图 5-2。结果表明，在不同的立地条件下，随着折现率的升高，森林经营的最优轮伐期与森林碳汇供给量都会降低，这与沈月琴等（2013）的研究结果一致。此外，在三种立地条件下，折现率的变化对最优轮伐期的影响并不是很显著，每增加 1 个百分点，最优轮伐期只降低了 1 年。但折现率变化对森林碳汇供给量的影响比较大，从 3% 增加到 7%，森林碳汇供给量降低了接近 50%。折现率的变化对不同的立地条件森林碳汇供给量的绝对量虽然不太一致，在差的立地条件下，降低的绝对量（5.4 吨 C/公顷）会低于中等（25.9 吨 C/公顷）与优等立地（26.6 吨 C/公顷）。但是，在中等立地条件下，随着折现率的升高，其森林碳汇供给量降低的比率是最高的，为

36.7%，高于 16.1%（$SI=10$）与 26.7%（$SI=21$）。

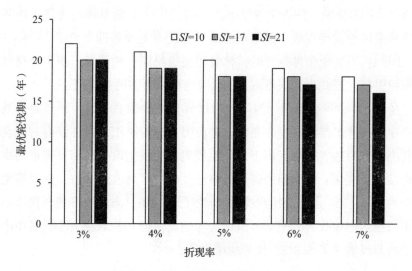

图 5-1　折现率对最优轮伐期的影响

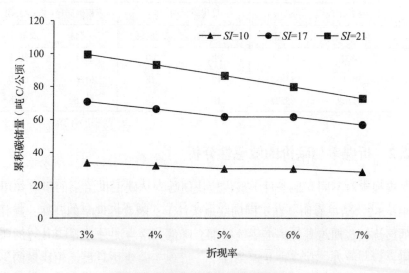

图 5-2　折现率对碳汇供给量的影响

　　对森林碳汇量供给的弹性进行分析，当折现率从 5%分别向 3%与 7%变动时，即在相当于 5%的标准变动[−40%，40%]时，森林碳汇供给量的弹性系数变动如表 5-5 所示。借鉴经济学对弹性系数的定义，即当系数等于 1 时为单位弹性，大于 1 时为富有弹性，小于 1 时为缺乏弹性。如表 5-5 所示，在 3%~7%的折现率条件下，在三种立地条件下，森林碳汇供给量对折现率的弹性系数均小于或等于 0.4，小于 1，表明此时缺乏弹性，也说明森林碳汇供给量对折现率的变动并不敏感。由于森林碳汇的供给量决定于森林经营者的经营决策，即最优轮伐期，因此也表明三种立地条件下的经营决策行为对折现率的变动并不敏感。

表 5-5　折现率对森林碳汇供给量的弹性系数

立地指数	3%	4%	6%	7%
$SI = 10$	0.29	0.30	0.01	0.16
$SI = 17$	0.37	0.38	0.01	0.19
$SI = 21$	0.37	0.38	0.39	0.40

从图 5-3 可以看出，在三种立地条件下，碳汇价格对杉木人工林碳汇量的供给影响不论是绝对量还是相对量都并不明显。当碳汇价格从 0 上升至 100 元/吨 CO_2 时，在三种立地条件下的轮伐期都延长了 1 年，表明当考虑碳汇效益时，改变林农经营决策的初始碳汇价格的要求并不高，此时优、中、差三种立地条件下的森林碳汇供给量分别增加了 1.8、4.7 与 6.5 吨 C/公顷。随着碳汇价格的继续升高，到最后到达 600 元/吨 CO_2 时，由于轮伐期增长的幅度并不大，此时三种立地与不考虑碳汇效益时的森林碳汇供给量相比分别增加了 3.5 、13.4、与 18.7 吨 C/公顷。结果表明，杉木人工林的经营决策受碳汇价格的影响较小，对价格并不敏感。

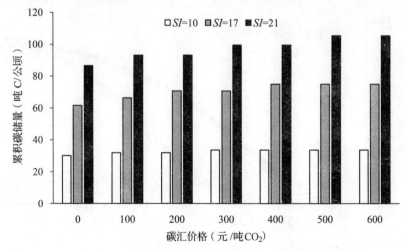

图 5-3　碳价对杉木林森林碳汇供给量的影响

5.3 不同生长速度树种对森林碳汇供给的影响

不同树种由于生长速度不同，其固碳速率也会不一致。经过调研发现，当前碳汇林营造过程中，为了追求固碳目标，政府直接投资的或是以项目为基础的碳汇造林都选择的是生长速度较慢，但长期而言固碳效果更好的乡土阔叶树种。当选择不同生长速度的树种时，经营者的经营决策怎样？折现率与碳汇价格对不同树种的森林碳汇供给量与林地期望值有怎样的影响？本节将以中等立地条件下的杉木(针叶速生树种)与荷木(乡土阔叶树种)为例进行讨论。

5.3.1 杉木与荷木林分的最优经营策略

生长速度不同的树种，在相同时间内的森林生长量会不同，因此经营者为了最大化收益，会有不同的经营决策策略。荷木是华南地区的重要乡土树种，其初期生长速度比较缓慢，图 5-4 表示杉木与荷木纯林单位面积的生长蓄积量曲线。从图 5-4 可以看出，杉木林分在初期生长速度非常快，在第 14 年时即达到了其连年蓄积量的最大值，此后每年的年增量会逐渐降低。而对于荷木而言，其蓄积量的连年生长量在第 26 年时才达到最大值，因此其后期的固碳量会更大。到第 40 年时，两种林分所累积的蓄积量基本

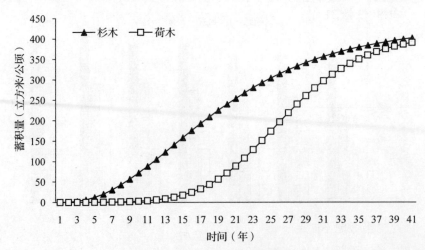

图 5-4 杉木与荷木生长蓄积量变化

达到同一水平。需要指出的是，限于可获得的森林生长模型方程，文中得到的蓄积量模拟结果可能会比一般实地调查研究得到的蓄积量大。

在当前的木材价格与碳汇价格下，只考虑木材经济价值的单一目标经营与同时考虑木材与碳收益的双重目标经营的最优经营策略见表 5-6。当只考虑木材的经济价值时，杉木林的最优轮伐期为 18 年，林农可获得收益的净现值为 50918 元/公顷，累积折现的固碳数量为 34.3 吨 C/公顷。荷木林的最优轮伐期为 30 年，林农可获得收益的净现值为 65869 元/公顷，累计折现的固碳数量为 63.4 吨 C/公顷。因此，从理论上来说，在同一块林地上，当假设木材价格、折现率不变时，森林经营者选择荷木作为造林树种将获得更多收益，同时也将供给更多的森林碳汇。虽然本研究中考虑了不同时期收益的差异性，但在实际调研中发现，经营者通常选择的仍是轮伐期较短的速生树种。这可能是由于经营者对风险的偏好不同导致的，阔叶树种经营周期长，森林经营面临的风险与不确定性增加，因此即使阔叶树能带来更高的收益，经营者也会因为政策、木材价格等的不确定性而选择轮伐期短的树种。

当经营者考虑林分的碳汇价值时，在当前的碳价下（14 元/吨 CO_2），杉木林的经营者虽然可以增加收益，他的经营收益净现值会增加 2964 元/公顷。但是，经营者并不会改变自己的最优经营策略，因此也不会增加森林碳汇的供给。而荷木人工林的经营者为了获取最大收益会延长最优轮伐期，由 30 年变为 31 年，森林碳汇的累积供给量也由 198.1 吨 C/公顷增加到 210.4 吨 C/公顷，增加了 12.3 吨 C/公顷。此时，经营者获得的收益净现值增加了 4202 元/公顷。

表 5-6　杉木与荷木的最优经营策略

树种	收益净现值(元/公顷)		最优轮伐期(年)		碳储量(吨 C/公顷)	
	单一目标	双重目标	单一目标	双重目标	单一目标	双重目标
杉木	50918	53882	18	18	61.6	61.6
荷木	65869	70071	30	31	198.1	210.4

因此，当考虑不同的经营树种时，作为阔叶树种的荷木林在不考虑碳汇价值时其轮伐期内单位面积收益的净现值会高于杉木林，也能产生更多的森林碳汇，但同时它的最优轮伐期（30 年）会远高于杉木林（18 年）。当

森林吸收的碳存在市场价值时，在当前的碳市场价格下，杉木人工林的经营者并不会改变它的经营决策，因此虽然他的收入增加了，但是他提供的碳储量仍保持不变。而对于阔叶的荷木林而言，在当前碳汇价格下，经营者会延长轮伐期1年，供给更多的森林碳汇。

5.3.2 折现率与碳价的敏感性分析

图5-5与图5-6分别表示折现率与碳汇价格变化对杉木与荷木林分森林碳汇供给的影响。对杉木与荷木而言，折现率的变化对其森林碳汇供给的影响都比较明显。随着折现率的升高，杉木林与荷木林的森林碳汇供给量都会降低。这与朱臻等(2013)、沈月琴等(2014)与于金娜等(2014)分别对杉木与沙棘进行研究得到的结果相同。当折现率从3%增加到7%时，荷木林碳汇供给量由221.6吨C/公顷降低到184.7吨C/公顷，降低了36.9吨C/公顷，在折现率3%的基础上减少了16.7%。而杉木的碳汇供给由70.7吨C/公顷降低到56.8吨C/公顷，降低了13.9吨C/公顷，在折现率3%的基础上减少了19.7%(图5-5)。当折现率从5%分别升高至7%与降低至3%时，杉木与荷木的森林碳汇供给量对折现率的弹性系数见表5-7所示。当折现率分别在4%与6%时，即在5%的基础上分别降低与升高1个百分点，荷木与杉木得到的弹性系数均为0，表明此时的经营决策没有发生变化。其他条件下，两种树种的碳汇供给量对于折现率的弹性系数在

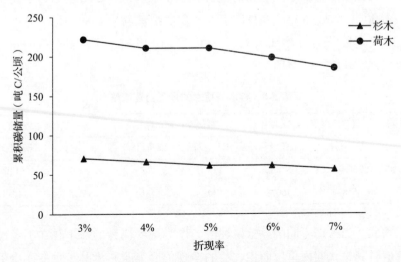

图 5-5 折现率变化对杉木与荷木碳汇供给的影响

[0.1，0.4]区间浮动，均小于 1，因此表明这两个树种对折现率变动的敏感性不高。

表 5-7　折现率对森林碳汇供给量的弹性系数

树种	3%	4%	6%	7%
杉木	0.37	0.38	0.00	0.19
荷木	0.13	0.00	0.29	0.31

图 5-6 表示的是碳汇价格的变化对两种林分森林碳汇供给的影响。结果表明，在不同的碳价水平下，荷木林分所供给的森林碳汇量都要显著高于杉木林。随着碳汇价格的升高，两种林分的经营者都改变了经营决策，选择延长轮伐期，这与其他研究者得到的结果一致（Asante & Armstrong，2012；朱臻 等，2013）。随着碳汇价格从 0 增加到 600 元/吨 CO_2，杉木的轮伐期从 18 年延长到 21 年，而荷木的轮伐期则从 30 延长到 34 年。轮伐期的延长自然导致了森林碳汇供给量的增加。荷木林分经营者供给的森林碳汇量由 198.1 吨 C/公顷增加到 240.4 吨 C/公顷，杉木林经营者供给的森林碳汇量则由 61.6 吨 C/公顷增加到 75 吨 C/公顷，分别增加了 42.3 吨 C/公顷与 13.4 吨 C/公顷。因此，虽然碳汇价格对杉木林与荷木林的经营决策影响都不大，延长的轮伐期在 3~4 年，但相对于杉木而言，碳汇价格对荷木的森林碳汇供给量影响更大。在相同的碳价波动下，由于阔叶树种后

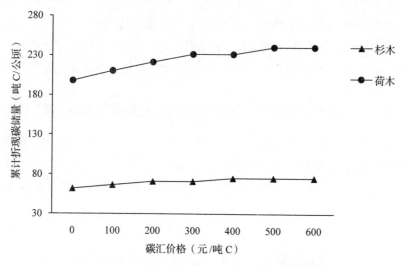

图 5-6　碳汇价格对杉木与荷木碳汇供给的影响

期吸收固定的碳汇较多，荷木林经营者可以提供更多的森林碳汇。

5.4　考虑不同碳库对森林碳汇供给的影响

在前文的研究当中，森林储存的碳都只考虑了储存在整个生物量碳库中的碳，即全树生物量，但未考虑林木碳的释放，包括林木生长过程中的自然死亡以及林木在收获后的用途。但实际上，森林在生长的过程中，储碳的部位还包括其他部分。依据 IPCC 对于在《京都议定书》框架下的造林再造林项目的指导意见，森林活动产生的碳储存在包括生物量碳库（地上生物量与地下生物量）、凋落物与枯死木（死有机质，Dead Organic Matters，DOM）、土壤与林产品。虽然当考虑固定在森林地上部分中碳时，碳汇效益对林农的经营决策产生的影响很小。但已有不少研究表明，当死生物质碳库与林产品碳库被考虑时，林农的经营决策会受到很大的影响（Asante et al.，2011；Asante & Armstrong，2012；Holtsmark et al.，2013）。同时，由于储存在土壤中的碳不受林分的生长时间以及管理措施的影响，因此在本节当中，将以前人的研究为基础，主要考虑储存在生物量碳库、DOM 碳库与林产品碳库中的碳对森林经营决策以及森林碳汇供给的影响。

5.4.1　理论模型

假设当森林在固定碳时，可以获得碳收益，但当其向大气中排放碳时，林农则需要付出碳排放成本，以此来设定考虑不同碳库时的收益，考虑不同碳库的理论模型以 Hoel 等（2014）的相关研究为基础来设定。

5.4.1.1　考虑生物量碳库与木材价值的最优轮伐期与森林碳汇供给

由于 5.1 节中的基本模型未考虑林木收获后的碳排放的影响，因此本节将重新设定考虑生物量碳库与木材经济价值时的最优决策模型。首先考虑的是在一个轮伐期的情况，经营者考虑生物量碳库的净现值可表示为：

$$W_{T+B}(T, P_C) = -C + e^{-rT}P_T H(T) + P_C \int_0^T e^{-rx} f(x)\,\mathrm{d}x \qquad (5-5)$$

式中，$f(x)$ 表示全树碳储量，即地上与地下生物量之和；$H(T)$ 表示林分中收获的木材材积，有 $H(T) = \alpha \times V(T)$。假设林木在收获以后，除了一部分用作纸浆材立即产生碳排放以外，还有一部分作为建筑或家具用材，将这部分称为长周期林产品。设收获的木材中，用作长周期林产品的比例为 θ，且 $\theta \in (0, 1)$，则长周期林产品的材积 $M(T)$ 为 $M(T) = \theta \times H(T)$。除了长周期林产品以外，其他纸浆材固定的碳假设在砍伐时就释放到大气中，则收获时因碳排放而导致的成本为：

$$C_{SP}(T, P_C, \theta, \beta) = e^{-\rho T} P_C [(1 - \theta) S_H(T)] \tag{5-6}$$

式中，$S_H(T)$ 表示储存在收获的木材中的碳储量，可通过蓄积量-生物量模型将 $H(T)$ 转变得到。

5.4.1.2　考虑 DOM 碳库

DOM 主要是由枯死木与枯枝落叶层组成，DOM 碳库包括以死的有机质形式储存在枯死木、落叶与土壤当中的碳。假设 $N(t)$ 表示 DOM 碳库在时间 t 时的规模，由于初始的 DOM 碳库对最优轮伐期不会造成影响，因此假设 $N(0) = 0$，则 DOM 碳库中全部由生物量碳库转换而来。为了简化模型，假设其转换率固定为 r，且 $r \in (0, 1)$，因此 DOM 碳库在时间 t 的变化率可表示为：

$$N'(t) = \gamma B_F(t) - \delta N(t) \quad (t < T) \tag{5-7}$$

B_F 表示林分的生物量，对上面的微分方程进行求解，可得：

$$N(t) = \gamma \int_0^t B_F(x) \, \mathrm{d}x \tag{5-8}$$

由于 DOM 碳库是由生物量碳库转换而来，因此其增长固定的碳收益已在生物量碳库中计算。但其分解会造成碳排放，因此而导致的碳排放成本为：

$$C_D(T, P_C) = \int_0^T e^{-\rho x} P_C \delta S_N(x) \, \mathrm{d}x + e^{-\rho T} \int_0^\infty e^{-\rho x} P_C \delta e^{-\delta x} S_N(T) \, \mathrm{d}x \tag{5-9}$$

式中，$S_N(x)$ 表示的是 DOM 库中存储的碳。等号右边的第一个式子表示的是在第一个轮伐期内的 DOM 分解的碳排放价值，第二个式子表示的是轮伐期后的 DOM 分解的碳排放价值。

此外，轮伐期过后，遗留在森林中的砍伐残余物也会进行分解从而产生碳排放，设分解速率为 δ。在时间 $t (t > T)$ 时，剩余的砍伐残余物的生物量为 $e^{-\delta t} [B_F(T) - B_H(T)]$，因此在时间 t 时的排放即为 $\delta \times e^{-\delta t} [B_F(T) - $

$B_H(T)$〕，则其折现的碳排放成本为：

$$C_H(T, P_C, \delta) = e^{-\rho T} P_C \int_0^\infty e^{-\rho x} \delta e^{-\delta x} [S_F(T) - S_H(T)] \, dx \qquad (5-10)$$

式中，$S_F(T)$ 与 $S_H(T)$ 分别表示存储在整个生物量碳库中与收获的木材中的碳储量。

5.4.1.3 考虑长周期林产品碳库

收获下来的木材变成长周期林产品以后，虽然不会立即分解产生碳排放，但在使用过程中，随着时间的增长，也会慢慢地分解，假设长周期林产品分解的速率为 $\mu \in (0, 1)$。在时间 t 时（$t>T$），剩余的林产品的材积为 $e^{-\mu t} M(T)$，由于分解造成的碳排放为 $\mu \times e^{-\mu t} S_M(T)$，$M(T)$ 与 $S_M(T)$ 分别表示长周期林产品在收获时的材积与碳储量。因此，长周期林产品因分解造成的碳排放成本为：

$$C_{LP}(T, P_C, \mu) = e^{-\rho T} P_C \int_0^\infty e^{-\rho x} \mu e^{-\mu x} S_M(T) \, dx \qquad (5-11)$$

当考虑所有碳库的收益与成本时，在一个轮伐期内，林地的净现值为：

$$W_1 = W_{T+B} - C_D - C_H - C_{SP} - C_{LP} \qquad (5-12)$$

因此，在无限多个轮伐期下的林地期望值可以表示为：

$$W = \frac{W_1}{1 - e^{-\rho T}} \qquad (5-13)$$

最优轮伐期将通过林地期望值的最大化来求得。虽然在理论方程中有微分符号，但在实际计算中，采用离散时间估计的方式来获得结果，采用微分符号的主要作用是为了说明固碳的过程是一个连续的过程。由于只考虑轮伐期的整数值，因此我们将通过模拟不同时间生长与排放而导致的林地净现值的变化来得到最优轮伐期，以此得到不同的森林碳汇供给量。

5.4.1.4 主要参数值

本部分仍采用杉木作为造林树种，在各理论模型的设定中，引入了包括长周期林产品比率、DOM 分解速率、林产品分解速率等参数，各参数的参数值与数据来源见表 5-8。

表 5-8　主要参数说明与参数值

参数	参数说明	参数值
γ	生物量-死生物质转换比	0.0053
δ	DOM 分解速率	0.027
θ	长周期林产品比率	0.8
μ	长周期林产品分解速率	0.0069

注：数据来源于广东省森林资源调查常用数表、《中华人民共和国气候变化第二次国家信息通报》，以及与杉木碳汇计量有关的文献数据。

5.4.2　不同碳库对森林碳汇供给的影响

表 5-9 表示在当前的碳汇价格下，当考虑不同碳库的碳汇价值时，经营者选择的最优轮伐期、林地期望值与此时生产的森林碳汇量。如表 5-9 所示，在四种不同的情景下，最优轮伐期都为 18 年。但在考虑不同的碳库时，其碳汇供给量与林地的期望值会不同。在本研究的理论模型设定中，其他碳库的碳都是由生物量碳库转换而成，因此生物量碳库的碳汇供给量为最大，在收获时考虑其碳排放也可以达到 59.4 吨 C/ 公顷。而当考虑所有的碳库时，即包括生物量碳库、DOM 碳库与长周期林产品碳库时，由于 DOM 碳库与长周期林产品碳库自身的分解，此时的森林碳汇供给量最小，为 55.3 吨 C/公顷。同样，当存在碳汇收入时，林农的总收入将会提高。当仅考虑生物量碳库时，林农在单位面积林地的收入提高了 3036 元/公顷。

表 5-9　考虑不同碳库碳汇效益下的最优经营决策

碳库	最优轮伐期	碳汇量 （吨 C/公顷）	林地期望值 （元/公顷）
T	18	66.3	50918
T+B	18	59.4	53954
T+B+D	18	58.6	53917
T+B+D+LP	18	55.3	53800

注：T 表示仅考虑木材的价值，T+B 表示考虑木材与生物量碳库的价值，T+B+D 表示考虑木材、生物量与 DOM 库的价值，T+B+D+LP 表示考虑木材、生物量、DOM 库与长周期林产品库的价值

同时考虑生物量碳库与 DOM 碳库时，由于 DOM 碳库中的碳释放，增加的收入降低到 2999 元/公顷。而当考虑所有三个碳库时，增加的收入降低到 2882 元/公顷。

5.4.3 折现率与碳价的敏感性分析

折现率与碳价的变化会影响单位面积上土地的收益，从而影响林农的经营决策与森林碳汇的供给量。折现率的升高会降低最优轮伐期，当折现率从 3% 上升到 7% 时，最优轮伐期会逐渐下降。但在不同的碳库下最优轮伐期仍保持一致，从 20 年(3%)、19 年(4%)、18 年(5%，6%)到 17 年(7%)。折现率每上升 1 个百分点，林农的最优经营策略下降 1 年或保持不变。虽然折现率变化对林农的最优经营决策影响不大，但从表 5-10 与表 5-11 可以看出，折现率会影响森林碳汇的供给量，对经营者经营收入的影响则更大。

表 5-10　不同折现率对森林碳汇供给(吨 C/公顷)的影响

碳库	3%	4%	5%	6%	7%
B	67.06	63.33	59.40	59.40	55.28
B+D	66.16	62.48	58.62	58.62	54.57
B+D+LP	60.25	58.13	55.28	55.28	52.29

从表 5-10 可以看出，当折现率从 3% 增加到 7% 时，仅考虑生物量碳汇价值的供给量降低了 11.78 吨 C/公顷，考虑生物量与 DOM 碳汇价值的森林碳汇供给量降低了 11.59 吨 C/公顷，而同时考虑生物量、DOM 与林产品碳库时，森林碳汇供给量降低了 7.96 吨 C/公顷，分别在在原有基础上下降了 17.6%、17.5% 与 13.2%。考虑 B 与 B+D 碳库时，森林碳汇的供给量随着折现率的增加，其降低的绝对量与相对量基本一致。而当考虑所有的碳库时(B+D+LP)，随着折现率的增加，森林碳汇的供给量的减少绝对值与相对值都会低于考虑 B 与 B+D 的情景。这表明在考虑所有碳库的碳汇效益时，森林碳汇的供给量对折现率变动的敏感性会更低。

进一步的，当折现率从 5% 分别向 3% 与 7% 变动时，折现率对森林碳汇供给量的弹性系数见表 5-11 所示。由于折现率从 5% 增加至 6% 时，最优轮伐期不会发生变化，因此森林碳汇量也不变，导致弹性系数为 0。在不同的折现率下，弹性系数的值也属于[0.1，0.4]，小于 1，表明在不同碳库下的森林碳汇供给量也会对折现率缺乏弹性。在其他折现率下，考虑 B 库与 B+D 库时，二者的弹性系数相同，这也表明这两种情况下森林碳汇供给量的变动情况趋向于一致。

表 5-11　折现率对森林碳汇供给量的弹性系数

碳库	3%	4%	6%	7%
B	0.32	0.33	0.00	0.17
B+D	0.32	0.33	0.00	0.17
B+D+LP	0.22	0.26	0.00	0.14

在表 5-12 中发现，在不同的折现率值下，考虑森林碳汇效益时，林农在林地的期望收入都将升高。林地的期望值随着折现率的升高会降低，当折现率从 3% 上升到 7% 时，仅考虑木材价值的林地期望值下降了 92857 元/公顷，降低了 78.9%；分别考虑生物量碳库、DOM 碳库与林产品碳库时，林地期望值下降了 96252 元/公顷、96172 元/公顷与 95855 元/公顷，下降幅度均为 78.2%。

表 5-12　不同折现率对林地期望值(元/公顷)的影响

碳库	3%	4%	5%	6%	7%
T	117690	75324	50918	35362	24833
B	123110	79264	53954	37829	26858
B+D	123011	79206	53917	37803	26839
B+D+LP	122643	79009	53800	37728	26788

森林碳汇价格的变化也会影响森林经营者的最优决策，在对森林碳汇价格进行模拟运算时，发现随着碳汇价格的上升，最优轮伐期会得到延长，当价格从 100 元/吨 CO_2 上升到 700 元/吨 CO_2 时，不论考虑几个碳库，最优轮伐期都从 19 年上升到了 21 年。与其他研究者的结果相比，即使考虑不同的碳库，碳汇价格对杉木经营者的经营决策影响较小。如 Hoel 等(2014)的研究表明，在考虑所有碳库时，当碳汇价格从 0 增加至 65 美元/吨 CO_2 时，最优轮伐期从 45 年上升到 200 年。在考虑不同的碳库时，其最优轮伐期变动对森林碳汇价格的敏感程度不一样。当碳汇价格为 500 元/吨 CO_2 时，考虑所有碳库的最优轮伐期变为 21 年，而仅考虑生物量碳库与同时考虑生物量与 DOM 碳库的最优轮伐期仍为 20 年。进一步研究发

现，对于不同的碳库，最优轮伐期从 19 年变为 20 年的临界碳汇价格分别为 227、232、219 元/吨 CO_2 时，表明当考虑所有碳库时，碳汇价格对林农的最优经营决策最敏感。

表 5-13 与表 5-14 描述了当碳汇价格从 100 元/吨 CO_2 上升到 700 元/吨 CO_2 时，碳汇供给量与林地期望值的变化。随着森林碳汇价格的升高，在不同的碳库下，森林碳汇供给量呈现增加的趋势。当分别考虑 B、B+D 以及 B+D+LP 碳库时，增加的碳汇量分别为 7.26、7.14 与 6.67 吨 C。另外，随着森林碳汇的价格从 100 元/吨 CO_2 上升到 700 元/吨 CO_2，林地期望值也随之上升。在分别考虑生物量碳库、DOM 碳库与林产品碳库的情景下，林地期望值分别增加了 133209 元/公顷、131509 元/公顷与 126733 元/公顷。三者的差别并不大，在仅考虑生物量的碳汇价值时，随着碳汇价格的升高，林地期望值带来的林农收入的增加最多。

表 5-13　不同碳价(元/吨 CO_2)对森林碳汇供给(吨 C)的影响

碳库	100	200	300	400	500	600	700
B	63.33	63.33	67.06	67.06	67.06	70.59	70.59
B+D	62.48	62.48	66.16	66.16	66.16	69.62	69.62
B+D+LP	58.90	58.90	62.33	62.33	65.57	65.57	65.57

表 5-14　不同碳价(元/吨 CO_2)对林地期望值(元/公顷)的影响

碳库	100	200	300	400	500	600	700
B	72819	94797	116939	139138	161338	183665	206028
B+D	72546	94251	116105	138026	159948	181974	204055
B+D+LP	71717	92593	113654	134759	155889	177169	198450

第6章 森林碳汇生产的激励机制设计

在森林碳汇的供给机制中，结合公共产品的供给理论与森林碳汇的供给实践表明，市场供给、自愿供给都为森林碳汇的供给做出了贡献。但是，森林碳汇提供的减缓气候变化、降低大气中温室气体的服务，其收益还可以扩展到所有国家、人民与世代，具备了全球公共产品的特质。首先，通过森林固碳降低温室气体含量带来的效益是针对全球所有的国家，具有非竞争性；其次，其带来的效益具有非排他性，任何国家与人民都可以享受森林固碳带来的温室效应降低的服务；再次，温室气体减少带来的好处具有代际性，即不仅仅使当代人受益。除此之外，Nordhaus（1999）认为，全球公共产品还具有存量外部性特征，即目前的损害或影响依赖于长期累积起来的资本与污染存量。对于温室气体减排而言，即其提供的服务与影响依赖于全球各国的长期积累的努力，而不是短期的突击行动。由于森林碳汇提供的服务涉及的是全球所有的民众，甚至是不同代际的民众，依靠激励消费者对减缓气候变化服务偏好的表露来获取某一国家供给森林碳汇的资金显然是不可靠的。因此，在森林碳汇的供给中，自愿供给以及针对木材价值的市场供给只能作为一种补充方式，森林碳汇的政府供给才是达到减缓气候变化目标的主要机制。

为了减缓气候变化，对于全球所有国家而言，通过协商制定一个在全球具备公信力的排放量目标是非常必要的。IPCC 报告表明，当温室气体在大气中的水平稳定在 450~550 立方厘米/立方米之间，气候变化导致的风险水平将大大降低。为了达到这一目标，就必须在 2050 年之前将排放量至少降低到 2005 年水平的 25% 以内。对于中国政府而言，除了设定工业上的减排目标以外，即 2030 年达到工业排放的峰值，为了利用林业减缓气候变化，也先后设定了森林增长的目标。一是在 2009 年，制定了在 2020 年，森林面积与森林蓄积量相比 2005 年水平提高 4000 万公顷与 13 亿立方米的目标。二是在 2015 年提交给 UNFCCC 的国家自主贡献报告中，设定了在 2030 年，森林蓄积量比 2005 年提高 45 亿立方米的目标。在森林碳汇的供给机制中，政府部门是森林碳汇的提供者，即资金的来源，而森林碳汇的生产者则是森林的经营者。为了达成森林碳汇供给的目标，政府部门需要通过一定的激励设计来安排森林碳汇的生产。

　　森林碳汇是森林生长过程中的附属产品，因此其生产受森林生长的限制，具有区别于其他一般公共产品生产的特性。森林碳汇是森林生长的正外部性，其生产量的多少是通过森林的生长量来体现，而且森林提供的减缓气候变化服务并不是永久的，会随着森林的采伐和利用而慢慢将所固定的碳重新排放到大气中。因此，森林碳汇的生产存在多种方式，任何提高森林生长量的措施都可以提高森林碳汇的生产量。第 4 章的内容已经阐述了从社会角度而言，分别通过采取新造林、调整森林经营的方式以及禁伐等方式来生产森林碳汇的成本效用。但是，在不同的林地上（有林地与无林地），所采取的森林碳汇生产方式是不一样的，相应地，政府可采取的政策工具也不一致。因此，本章将主要以第八次森林资源清查的相关数据为基础，结合森林碳汇不同的生产方式与激励策略的成本效用，分别探讨森林碳汇供给的激励机制。

6.1　政府供给的森林碳汇生产的委托代理机制设计

　　在森林碳汇的政府供给机制中，森林碳汇的供给方是政府部门，森林碳汇的生产方是集体林地或国有林地的经营者。对于国有林地的经营者而言，假设其作为政府的代理人，经营目标与政府的目标完全一致，且能完全按照政府的意愿去执行森林碳汇的生产。但是，集体林地的经营者包括集体经济组织、农户家庭与联户合作经营者，其经营目的主要是为了从林地中获取最大的经济收益。因此，政府部门为了减缓气候变化增加森林碳汇的目标与集体林地的经营者获取经济效益最大化的目标存在不一致。政府部门是森林碳汇生产的委托方，而集体林地经营者是森林碳汇的代理方。本节以郭彬（2005）、余光英（2010）等对低碳经济以及碳汇林发展的委托代理理论为参照，对政府供给的森林碳汇生产的委托代理机制进行设计，为激励路径的选择提供参考。

6.1.1 基本假设

在本研究中只考虑经济激励的单目标委托-代理机制设计问题，即政府部门用经济手段引导经营者实现的目标是单一的，就是如何让经营者从自身利益最大化的角度出发生产森林碳汇。设参与森林碳汇生产的经营者付出的努力水平为 a，经营者在生产森林碳汇时所创造的社会综合效用为 π，符合线性形式，即 $\pi = a + \theta$，θ 为服从均值为0、方差为 σ^2 的正态分布的外生随机变量。假设政府为风险中性，效用可由 v 表示；而集体林地的经营者为风险厌恶，效用用 μ 表示。当集体林地经营者愿意参与森林碳汇的生产时，他能获得的政府补贴收入为 $f(\pi) = \alpha + \beta\pi$，其中，$\alpha$ 为政府给予参与的经营者的固定补贴，而 β 是企业能分享的社会效益的比例，当社会效用每增加一个单位时，政府给企业的补贴增加 $\beta(0 \leq \beta \leq 1)$ 单位。β 也是对经营者承担风险的一个说明，当 $\beta = 0$ 时，经营者只享受固定补贴，即不承担森林碳汇生产带来的任何风险。而当 $\beta = 1$ 时，经营者获得森林碳汇生产所带来的所有的社会效益增加，即承担全部风险。

6.1.2 模型设计与求解

对于委托者即政府部门而言，根据期望效用函数理论，由于政府是风险中性的，因此其期望效用应等于期望收入，即有：

$$E\{v[\pi - f(\pi)]\} = E[a + \theta - \alpha + \beta(a + \theta)] = -\alpha + a(1 - \beta) \tag{6-1}$$

对于集体林地的经营者而言，假设其效用函数具有不变绝对风险规避特征，则其效用函数的形式为：

$$\mu = -e^{-p\omega} \tag{6-2}$$

式中，p 为绝对风险规避的度量，为常数；ω 为经营者参与森林碳汇生产的实际收入。假定集体林经营者参与森林碳汇生产努力的成本可以用货币成本 $C(a)$ 表示，且 $C(a) = ba^2/2$，b 表示成本系数，即 b 越大，带来的成本越大。因此，经营者参与森林碳汇生产的收入为：

$$\omega = f(\pi) - C(a) = \alpha + \beta(a + \theta) - ba^2/2 \tag{6-3}$$

因此，集体林经营者的期望效用为，$E(\mu) = E(-e^{-p\omega}) = -e^{-p[E\omega-p\mathrm{Var}(\omega)/2]}$。根据期望效用理论的确定性等价收入原理，有 $E(\mu) = \mu(CE)$，因此集体林经营者的确定性等价收入 CE 为：

$$CE(a) = E\omega - \frac{p\mathrm{Var}(\omega)}{2} = \alpha + \beta a - \frac{p\beta^2\sigma_\theta^2}{2} - \frac{ba^2}{2} \tag{6-4}$$

式中，$\dfrac{p\beta^2\sigma_\theta^2}{2}$ 表示企业的风险成本。此式中包含的条件有两个：一是参与森林增汇项目后经营者获得的期望效用应不小于不接受的保留收入 $\bar{\omega}$；另一方面是对于经营者的激励约束而言，其获得的确定性等价收入不大于 CE 的最大值，即有 $a \leqslant \beta/b$。

因此，当存在不完全信息时，由于政府部门对集体林地的经营者的努力水平无法进行观测，因此政府的选择问题是：

$$\mathrm{Max}\, f(\alpha, \beta) = E\{v[\pi - f(\pi)]\} \tag{6-5}$$

$$S.t.\ CE \geqslant \bar{\omega}$$

$$a \leqslant \beta/b$$

采用拉格朗日乘子法，可得一阶条件为：

$$\alpha = \bar{\omega} - \frac{\beta^2}{2b}(1 - bp\sigma_\theta^2) \tag{6-6}$$

$$\beta = \frac{1}{1 + bp\sigma_\theta^2} > 0 \tag{6-7}$$

此时，集体林地经营者的努力水平为：

$$a = \frac{1}{b(1 + bp\sigma_\theta^2)} \tag{6-8}$$

因此，从上述激励机制设计的结果可以得到的结论包括：①政府效益最大化的一阶条件表明，当存在不完全信息时，最优激励机制要求经营者生产森林碳汇需要承担一定的风险 β。②集体林经营者生产森林碳汇的努力程度不受政府给与的固定补贴或一次性补贴的影响，而主要受生产成本系数以及风险规避程度的影响。森林碳汇生产的成本越高，集体经营者对风险规避的程度越高，则经营者在生产森林碳汇过程中付出的努力越小。

6.2 无林地森林碳汇生产的激励方式

2019 年公布的第九次森林资源清查(2012—2018 年)的资料表明,中国现有林地面积共 3.24 亿公顷,其中,宜林地面积约为 0.5 亿公顷。从上文中的内容已知,当不考虑无林地的机会成本时,由于通过新造林的方式可以大量增加森林所固定的碳,新造林成为了减缓气候变化最具成效的方式。即使考虑林地的机会成本,它也是最有成效的方式之一。同时,造林再造林也是唯一被《京都议定书》框架下的清洁发展机制接受的林业活动。因此,政府部门通过激励森林经营主体在无林地造林减缓气候变化具有很大的发展潜力。前面的章节主要从社会的角度来研究了不同固碳方式的成本效率,但当土地的权属不同时,政府部门可以采取的激励政策工具以及激励策略都可能存在差异。因此,本节将以不同的林地权属来探讨在无林地上森林碳汇供给的激励机制。

6.2.1 国家所有的无林地新造林的激励方式

按林地所有权划分,国家所有的林地面积为 1.31 亿公顷,占林地总面积的 40.41%。对于国家所有的林地,其经营者为由国家安排的机构或企业,因此假设其经营的目标与政府实现其森林碳汇效应最大化的目标一致。在森林碳汇的供给中,政府偏好于生产更多的森林碳汇,因此在政策工具与生产方式的选择、造林树种与项目时间的选择上都会倾向于森林碳汇生产量更高的方式。

第 4 章与第 5 章对不同生产方式与政府供给不同政策工具的成本效用分析结果表明,当采用直接投资工具在国家所有的无林地上造林时,其达成固碳目标的时间长于其他生产方式,但其成本效用高于其他两种政策工具。因此,在国有无林地上生产森林碳汇时,可采取政府直接投资的政策工具来激励政府的代理机构执行新的造林任务。

而在具体的造林树种与项目时间的选择上,通过分析碳汇效益对经营行为的影响发现,当选择阔叶树种时,在单位公顷土地上获得的收益以及森林碳汇的生产量都会高于针叶树种。此外,森林资源清查资料表明,现有的宜林地都处于较偏远或立地条件较差的地区,选择阔叶树造林还可以起到改良土壤等其他生态作用。因此，政府部门可以通过直接投资的工具在国家所有的无林地种植阔叶树种来生产森林碳汇。

6.2.2 集体所有的无林地新造林的激励方式

第九次森林资源清查资料显示，集体所有的林地共1.92亿公顷，占林地总面积的59.59%。因此，通过在集体所有的无林地上造林的方式来增加森林碳汇，具有很大的增汇潜力。在集体所有的林地中，已有的数据表明，农户家庭承包经营的面积较高，占比超过了联户经营与集体经营的方式。因此，在集体所有的无林地中，经营主体以个体农户为主。个体林农在森林经营时，其主要的经营目的即为获取林地的最大经济效益。由于政府的政策目标与林农的经营目标并不一致，当政府设计在集体所有的无林地上增加森林碳汇的激励机制时，应考虑结合个体林农的效用，从而实现总体效用的最大化。

创造碳市场工具在政府的森林增汇政策工具中并不具备成效优势，而且由于集体林权制度改革以后，分散的林地会提高森林碳汇的交易成本，阻碍碳市场发挥作用。而对于直接投资工具，当政府在不考虑林地的租金成本时，虽然通过直接投资的方式是增加碳汇最有成效的政策工具，但当政府通过直接投资在集体所有的林地上造林增加森林碳汇时，由于集体林地经营者的经营目标与政府的政策目标并不一致，因此对森林增汇的目标带来风险。如前文中所述的广东省森林碳汇重点生态工程，广东省计划直接投资65.8亿元，其中集体林地投资41.9亿元，自留山与责任山投资17.7亿元，约占总投资的91%。其中，集体林地的建设任务共有61.9万公顷(929万亩)，自留山与责任山的建设任务为26.9万公顷(403万亩)，两者相加占总建设任务的89.4%。政府直接投资在集体所有的无林地上造林与集体林权制度改革的保障林农的自主经营权相冲突，且由于造林面积大，政府部门并不能对已造林地进行管护，导致毁林或替换造林树种行为的发生，影响了森林增汇目标的实现。而第5章的结果表明，当考虑在集体所有的无林地造林的租金成本时，其固碳的成本效用会低于通过补贴工具来达到增汇目标的成效。因此，与其他两种政策工具相比，政府部门采用补贴的政策工具来激励集体林地的经营者在无林地造林以增加森林碳汇不仅成效更高，且由于是经营者的自发选择，可降低达成固碳目标的风险。

由第 4 章对补贴工具激励无林地造林的成效的理论模型可知，政府激励林农在无林地造林的最低补贴额度为 $C - PV(t^*)(1 - e^{-n^*})^{-1}$，即初期造林成本扣除折现收益值。在具体实践中，如果政府部门选择直接将补贴一次性发放给农户，由于林农对自己的无林地的立地条件以及造林成本等具有完全信息，为了获得最大效益，他可能会选择对政府部门隐瞒其真实信息。而且，由 6.1 节的分析已经表明，一次性的补贴形式不能起到激励林农生产森林碳汇的作用。因此，可选择基本补贴加绩效激励的方式。具体而言，对于愿意参与碳汇造林项目的经营者，政府部门可与其签订合约，允诺给与一定的补偿。林农可自由选择造林树种、经营期限等。当造林完成以后，通过验收其成活率（与广东省现有的碳汇造林招投标工程类似），给与所有的参与农户一致的造林补贴。当林农选择的项目期结束时，可以由第三方部门对形成的森林所固定的碳汇进行计量与监测，依据森林的生长量给与一定的激励补贴。通过这种补贴方式，既达到了在原有无林地上增加森林碳汇的目的，也能通过一定的激励促使经营者对森林进行管护，提高森林的生长量。

6.3 有林地森林碳汇生产的激励方式

前文中的分析表明，通过调整森林经营方式或采取禁伐的策略来增加现有林地的碳汇或阻止现有林地的碳释放也是林业减缓气候变化的重要方式。根据第九次森林资源清查资料，现有林地的森林生产力较低，森林的每公顷蓄积量为 79.8 立方米（森林总蓄积量为 175.6 亿立方米，森林面积为 2.2 亿公顷），只有世界平均水平的 61%（131 立方米/公顷）。乔木林是森林资源的主体，中国的乔木林地面积为 1.8 亿公顷，每公顷蓄积也仅为 94.83 立方米。因此，政府部门可通过设计政策工具激励现有林地的经营者提高森林的经营水平，从而达到政府的增汇目标。

6.3.1 国家所有的有林地森林增汇的激励方式

在有林地上，判断森林生长质量的一个重要指标即为蓄积量，它也能为下一步采取何种经营方式来增加其所固定的森林碳汇提供参考。国家所有的乔木林单位面积的蓄积量约为 136 立方米/公顷，高于全国平均水平（94.83 立方米/公顷），比世界平均水平高 5 立方米/公顷。另外，对于单位面积蓄积较高的天然林，国家所有的面积为 0.73 亿公顷，蓄积量为 93.2 亿立方米。因此，国家所有的有林地具有单位面积蓄积量高、天然林面积与蓄积占比大的特点。

在国家所有的有林地生产森林碳汇包括调整现有森林的经营与禁伐以降低排放两种主要方式。由于国有林地天然林比例高以及单位面积平均蓄积量高的特点，且当采用禁伐以降低森林的碳排放方式时，由于避免了基线情景下可能的碳排放，因此可以在短期内获得大量的额外碳汇量。但由于此种方式是以放弃木材的经济价值为成本，因此造成了非常高的社会固碳成本(3084 元/吨 C)。除此之外，禁伐政策虽然避免了国内森林采伐造成的碳排放，对达成国内减缓气候变化的目标有利，但由于对木材的需求并未发生根本变化，将导致利用其他国家的木材增加，造成碳泄漏。我国当前木材利用的事实表明，50%以上的木材来源于进口[①]。因此，如全面采用禁伐政策，将进一步增加木材进口的比例，进而提高碳排放。

森林资源的清查资料表明，中国的森林中幼龄林的总面积比例仍高达65%，因此这也表明通过采取调整经营的方式来增加森林碳汇是一种可行的选择。对于国有有林地，政府可以采取直接投资的方式，提高森林的经营强度与加强森林保护。在乔木林中，林分过疏、过密的面积占比为36%，因此可以采用的主要森林经营活动包括结构调整、树种更替、补植补造、林分抚育、复壮与综合措施等。林木蓄积的年均枯损量达 1.18 亿立方米，因此对于加强森林保护的活动，主要包括森林防火与森林病虫害防护等活动。而对于已经成熟的乔木林，政府也可以通过向国有林地的经营者采取补贴的方式，针对不同的树种设定一定的项目期限，延长其轮伐期来生产森林碳汇。

6.3.2 集体所有的有林地森林增汇的激励方式

集体所有的有林地的特征包括三个方面。首先，集体所有的有林地中，人工林与天然林的面积比例相当，但人工林占全国所有人工林面积的

---

① 数据来源：国家林业局，见 http://www.forestry.gov.cn/main/65/content-659670.html(查阅于 2015-12-1)

比例高，且人工林的单位面积平均蓄积量低。据第九次森林资源清查资料的数据，集体与个人所有的天然林面积为 0.66 亿公顷，蓄积量为 43.5 亿立方米，单位面积平均蓄积量约为 65.9 立方米/公顷；人工林面积为 0.7 亿公顷，蓄积量为 26.3 亿立方米，单位面积平均蓄积量为 37.6 立方米/公顷。其次，在集体所有的有林地中，个人经营的比例较高。在集体林权制度改革以后，由个人经营的有林地面积已经上升到 0.97 亿公顷。因此，政府部门通过一定的政策工具来提高集体所有的有林地上的林木蓄积量以达到增加森林碳汇的目的具有一定的潜力。

在集体所有的有林地上，当采用禁伐的策略时，同样会由于木材需求转移而导致增加其他国家或地区的碳排放，从而抵消由采取禁伐政策而增加的碳汇。同时，由于集体所有的有林地的蓄积量并不高，禁伐策略也会降低经营者的福利，这些都会增加禁伐策略的固碳成本。因此，在集体所有的有林地上，政府应该激励经营者采用调整现有经营方式的策略来生产森林碳汇。

政府可以采用直接投资的政策工具成本效用更高，但当政府通过直接投资的工具在集体所有的有林地采取提高经营强度的措施时，除了会增加总体的社会成本以外，由于与集体经营者经营目标的冲突，也有可能会导致无法实现森林的增汇目标。2013—2014 年在广东省和平县的调研经历表明，当政府通过直接投资的方式在集体所有的有林地采取补植补造乡土阔叶树种等方式时，经营者会将原本种植好的阔叶树种替换为速生针叶树种。因此，政府部门可以通过提供资金以加强森林保护的方式来生产森林碳汇，如加强对森林防火以及病虫害的防护等，以此降低森林的损耗率。一方面，森林保护对于经营者而言，也是一种公共产品；另一方面，由政府提供的森林保护行为可以降低整个社会的管护成本。

当政府部门采取碳市场工具来激励林农自发采取提高森林经营强度的方式来生产森林碳汇时，第 4 章的分析表明由于主要限制了工业部门的碳排放量，因此造成了社会的固碳成本极高。此外，由于集体所有的有林地经营者众多，经营面积小，也会增加森林碳汇市场的交易成本。第 5 章的结果则表明，碳市场虽然可以增加经营者的收入，但对于以速生树种为主要经营树种的经营者而言，碳市场对于森林碳汇的生产激励作用有限。

当采用补贴的政策工具时，政府部门可以激励经营者在有林地上采取延长轮伐期、提高经营强度与加强森林保护等措施来生产森林碳汇。当政府部门具有对经营者的有林地状况的完全信息时，它可以选择任一种成本效用最高的方式来进行激励。但实际上，由于政府部门对于经营者经营的有林地缺乏完全信息，因此需要设计一定的策略来实现林农在自主选择的基础上达到社会最优的状态。在采用补贴工具时，政府部门可以先给与愿意参与的林农一定的基础补贴。林农可以根据有林地的禀赋条件以及自身的偏好，选择在一定的项目期内采用延长轮伐期或提高森林经营强度的方式来生产森林碳汇。政府可以与愿意参与森林增汇项目的林农签订合约，对具体的森林增汇形式与项目期限，以及达成目标后所能获得补偿进行约定。在项目期结束时，政府可以通过第三方组织对林农的经营结果进行验收，以此为依据进行激励性补偿。对于延长轮伐期的行为，可以根据经营树种的不同、延长年限的不同来给与相应的补贴。而对于在有林地上通过采取补植阔叶树等行为的林农，在项目期结束时，可以以其在项目期内所增加的森林蓄积量为依据来给与补贴。

第7章　森林碳汇市场交易模式选择

森林碳汇市场交易模式是森林碳汇市场供需双方即交易双方为实现交易活动采用的具体方式。结合现有森林碳汇交易模式和森林碳汇市场供需双方各相关者之间博弈结果以及现有森林碳汇项目的组织形式，将森林碳汇交易模式进行分类探讨。购买者向不同的森林碳汇经营模式的供给者购买森林碳汇，形成不同的森林碳汇交易模式，选择交易模式就是选择双方交易对象、交易方式、交易风险和经营方式。

在特定的交易条件下，每一种交易模式都是与一定的森林碳汇交易规模、经营方式相联系的。交易模式的形成既不是固定不变的，也不是任意选择的，是一个逐步发展、完善的过程，是从单一到多样、简单到复杂，以适应森林碳汇市场交易发展的需要。

7.1　森林碳汇交易模式类型

森林碳汇交易模式类型按照森林碳汇组织主体不同划分为四类（如表7-1）。

第一类是农户和企业或者林场进行股份合作与外部交易的模式（简称"股份合作模式"）。当森林碳汇购买者提出购买意向，供给方以股份合作制组织经营并出售森林碳汇，交易完毕后，供给方解散经营组织，所以这种交易模式具有一定的临时性。从我国 CDM 申请注册的项目来看，这种模式运用次数最多，经营森林碳汇项目面积规模较大。股份合作模式主要是农户或者村集体提供土地，用土地使用权入股，林场或者公司提供资金、技术、管理等资源入股，并且双方约定责任和收益分成，承担经营风险。此外，股份合作的森林碳汇项目优先雇用当地农户，并支付工资。这种模式能够很好聚集双方的优势实施大规模项目，形成规模优势，能够降低风险，稳定收益。

表 7-1　森林碳汇市场交易模式分类

交易模式	组织者	造林者	经营特点	典型项目	经营规模（公顷）
股份合作模式	农户和企业或者林场	企业或者林场	农户出让土地使用权与林场或者公司股份经营，双方约定责任和收益分成	四川西北部退化土地项目、广西西北部退化土地多重效益项目、广西珠江流域 CDM 项目	分别是 2251.8、8671.3 和 3565.5
自营模式	企业或者林场	企业或者林场	买方出资，林场或者企业独立经营	内蒙古敖汉旗项目、辽宁康平防治荒漠化小规模森林碳汇项目	分别是 3000 和 370.98
依附模式	企业或者林场	农户或者农户小组	只能依附于其他交易模式，占项目总规模较小的比例	广西珠江流域 CDM 项目	农户个体为 50.5，农户小组为 383.6，共约占 10.8%
委托模式	中国绿色碳汇基金会	林业局或者林场	中国绿色碳汇基金会委托林业局或者林场造林	广东省河汲市龙川县、广东省汕头市潮阳区、甘肃省定西市安定区、甘肃省庆阳市合水林场、北京市房山区和浙江临安等 6 个碳汇造林项目	分别是 200、200、133.3、133.3、133.3、46.7

第二类是林场或者企业自营与外部交易的模式(简称"自营模式")。供给方经营主体是独立企业，其主动出售碳汇或者在森林碳汇购买者提出购买意向时与其进行交易，交易完毕后，供给方不解散经营组织，这种交易模式具有一定的持续性。林场或者企业作为独立的经营个体，他们既拥有土地的使用权，又拥有管理和碳汇造林技术，根据自身的经营范围和能力确定森林碳汇交易规模。一般情况下，森林碳汇购买方会提出购买意向并提供资金支持与林场或造林企业达成交易。CDM 的国外买家倾向于和林场——这种有造林资质、有经营实力的经营单位合作，因为他们更看重森林碳汇项目的经营势力。自营模式的最大优点是经营主体具备造林能力和条件，不需要考虑太多土地的转让成本等额外的经营成本，且易落实森林碳汇项目经营的责任。目前，符合这些条件进行自营模式的经营个体对森林碳汇项目的了解不够，主动交易的意愿不大，因此买家主动联系交易模

式中合作成分较多。

第三类是农户个体或者农户小组依附其他组织与外部交易模式(简称"依附模式"),森林碳汇交易供给方的主要经营主体是独立个人,其经营规模较小,经营能力较弱。依附模式是农户个体或者农户小组将土地集中参与森林碳汇项目经营,由于其缺乏森林碳汇项目的专业技术和管理,加上林农主动寻求交易的成本过大,主动交易的意愿较低,因此该模式只能依附于其他模式(如股份合作模式)进行经营与交易。农户依附模式根源在于没有主动申请森林碳汇项目能力,也没有独立承担经营风险的能力,因此其发展模式必须依靠其他模式发展。农户个体或者农户小组依附模式有一定的临时性,在推动森林碳汇项目前期开发时,农户个体或者农户小组以个体的形式参与项目的规模占项目总规模的比例较小,如:广西珠江流域项目中依附模式占比约 10.8%,其中农户个体依附模式约为 1.3%。

第四类是中国绿色碳汇基金会委托代理交易模式(简称"委托模式")。中国绿色碳汇基金会接受森林碳汇需求方的委托,选择各地方林业局和林场协助碳汇造林。中国绿色碳基金是中国首家以增汇减排、应对气候变化为目的的全国性公募基金会,其目的主要是企业或者个人实践低碳生产与低碳生活、改善生存环境、为农村扶贫减困。中国绿色碳汇基金会是购买森林碳汇的代理人,承担捐款企业和个人的代理者责任,委托"加工工厂"生产,最后将森林碳汇"出售"给企业和个人。中国绿色碳汇基金会不直接参与森林碳汇项目的经营活动,其森林碳汇项目通过各省(区、市)林业厅(局)造林主管部门统一向国家林业主管部门应对气候变化领导小组办公室审批。2011 年,参与交易的 6 个森林碳汇项目模式都是"委托"拥有林场的林业局或者事业单位进行生产经营,并选择有资质的计量监测单位(如科研院所)进行监测管理,生产的审定核查单位是中国林科院科信所中林绿色碳资产管理中心。中国绿色碳汇基金会虽然原则上规定每个项目实施规模不少于 333.33 公顷,但实际单个森林碳汇项目规模在 3000 亩(200 公顷)到 700 亩(46.7 公顷)之间(如表 7-1),与国内的 CDM 相比较,虽然项目规模较小,但实施的数量较多,分布较广。

7.2 森林碳汇交易模式分析

根据交易模式的分类，本节主要从交易方式、融资来源、收益分配和交易风险等四个方面对森林碳汇交易模式进行比较分析（如表 7-2）。

表 7-2 森林碳汇交易模式比较

交易模式	融资来源	收益分配	交易方式	交易风险
股份合作模式	国内贷款、自筹资金、政府配套	多样化，多方协商（如：四川西北部退化土地项目的 70% 木材和 30% 碳汇收入归农户和集体，并享受全部的非木质林产品收入；广西珠江流域 CDM 项目的 40% 林产和 60% 碳汇收入归农民，剩余归林场）	先造林后出售	股份经营合作失败
自营模式	买方提供	多方协商（如：内蒙古敖汉旗项目的碳汇归意大利政府，其他归造林者；辽宁康平防治荒漠化小规模森林碳汇项目的碳汇归日本庆应大学）	预购	交易风险最小，但丧失得到森林碳汇溢价的收益。
依附模式	国内贷款、自筹资金、政府配套	多样化，多方协商（如：广西珠江流域 CDM 项目中农户个体造林收益归自己，农户小组造林收益协商分配）	参考依附的经营主体	丧失部分经营权，与被依附经营者承担一定比例的风险
委托模式	自有资金	碳汇收益归中国绿色碳汇基金会	预售	委托代理风险

7.2.1 交易方式分析

森林碳汇交易方式直接影响森林碳汇经营资金运作情况，现有的交易方式可以分为五类：①货到付款（pay-on-delivery，缩写为 POD）—未定量（unit-contingent）；②货到付款（POD）—定量（firm-delivery）；③现货交易（spot transaction）；④预付款（pre-pay，缩写为 PP）—未定量（unit-contingent）；⑤预付（PP）与货到付款（POD）混合型。货到付款是指森林碳汇经过测定、核实和交付后再付款，其主要分为两种，取决于是否在森林碳汇买卖合同中规定具体的碳汇量，即明确定量或者根据实际产生的量而定。现货交易指森林碳汇已经监测和核实，一旦交付随即付款的一种方式。预付款指达成购买意向在森林碳汇项目启动前的付款预定。

股份合作及其依附模式是先造林再出售的交易方式，属于货到付款—未定量的类型，由于森林项目能产生碳汇的实际数量是不确定的，它将受人为以及气候等很多不确定因素的影响。因此，先造林再出售的交易方式可以选择更灵活的碳汇交易量和交易期，不会将产生碳汇的数量和交易时间确定在某一具体数量或时间点上，选择在某一时间点之前，累计产生一定数量进行碳汇交易。这种交易模式的交易对象可能是固定的，也可能是不固定的，需要交易谈判时间长，导致过高交易成本给经营者带来巨大的压力。

自营模式采用先预售再造林的交易方式比较多，如果选择先预售再造林的交易方式，属于预付款—未定量的类型，经营者通常在得到买方森林碳汇预购的资金后开始碳汇造林，交易对象相对固定。买方可以直接参与到森林碳汇项目经营中，按照买方对森林碳汇的要求进行生产。如果先造林再出售的交易方式属于现货交易类型，且经营者按照认可的森林碳汇标准生产，然后到交易市场进行出售，则这种情况下的交易对象可能是不固定的。

委托模式是采用先销售再生产的方式，属于货到付款—定量的类型。但实际上，2008 年实施的森林碳汇项目并没有预售，而是在 2011 年通过华东林业产权交易所与 8 家企业签订了出售合同进行出售。中国绿色碳汇基金会采用先造林后出售的交易方式，交易对象是不固定的，且交易数量有限。中国绿色碳汇基金会虽然在森林碳汇交易中起到一个交易中介者的作用，但是有偏重于扮演森林碳汇项目委托者的角色，该模式的买方也有权力参与森林碳汇项目经营，以满足出资方的意愿、项目的监督与执行等。

7.2.2　融资来源分析

森林碳汇项目融资来源包括政府配套、国内贷款、自筹资金和买方预付四个方面（如表 7-2 所示）。森林碳汇项目融资来源的种类可分为单一型和混合型，单一型包括委托模式和自营模式，混合型包括股份合作和依附模式。

委托模式资金全部来自中国绿色碳汇基金会，自营模式则是来自买方预购的资金。森林碳汇项目经营方实际上是"代工工厂"，既解决了资金来源问题，也解决了森林碳汇的销售问题，不足之处是享受不到森林碳汇溢价的好处。这两种模式都是来自单一的经营主体，且受到资金和经营能力的限制，项目的经营规模都比较小（如辽宁康平防治荒漠化的小规模项目）。单一的融资来源很难支撑大规模和长周期的森林碳汇项目经营，若是森林碳汇项目缺少购买方的预付资金，则项目启动会比较困难。

森林碳汇项目经营融资来源呈现混合型。部分项目融资来源多种混合，所占比例各不相同。农户和企业股份合作模式的融资来源有当地银行贷款、当地政府的配套资金以及部分自筹资金。一般来说，当地银行贷款所占比例较大（如在广西珠江流域项目中贷款占74.3%）；当地政府的配套资金主要是为当地森林碳汇项目的顺利进行而做出的保护性金融支持，并且与项目的规模成一定比例；自筹资金来自农户在森林碳汇项目中土地出让金和劳动收入以及企业或者林场的自有经营资金。这种混合型融资来源范围广、种类多、资金数量大以及参与者多。国内森林碳汇项目为了维护国内森林碳汇利益，政府常常提供一定配套资金予以支持。但是，随着国内市场是不断发展，政府支持将会不断减弱，金融部门的贷款或者融资将对以后项目经营越来越重要。

7.2.3　收益分配分析

森林碳汇项目收益主要来源于碳汇、木材及其他林产品两方面，项目收益分配在实施森林碳汇项目之前已经明确，并受到融资来源的影响。

股份合作模式的收益分配是事先约定的，按股份比例分配。由表7-2可知，在碳汇和木材及其他林产品的收益分配方面，分配是多样化的并事先协商好的。如广西珠江流域项目中40%的林产品和60%的碳汇收入归农民；而四川西北部退化土地项目中70%的木材和30%的碳汇收入归农户和集体，并享有非木质林产品收入。相比碳汇价格，农户更了解木材及其他林产品的价格，碳汇价格比木材及其他林产品的价格风险更高，项目失败的风险也更高，换句话说，碳汇收入分成比例越高的一方，承担的风险就越大。两种不同分配比例体现了两个地区农户或者农户群体与林场在股份合作模式中收益分配的博弈结果。在广西西北部退化土地多重效益项目中村集体提留10%的收益用于未来社区发展，剩下先还贷再协议分成，这体现了森林碳汇项目对地方社会提供的支持作用，保障社区生存和发展。

依附模式的收益分配中农户个体经营的收益归自己所有，农户小组或者集体经营的协商收益分配比例。这种依附模式由于林农存在"搭便车"行为，使林农减少了交易成本和风险，农户收益实际上是增加了。但是在缺少政府大力支持的情况下，该模式很难被林农依附的其他经营者所接受。

自营和委托模式的收益分配和融资来源有关，其生产的碳汇归购买方，其他收益归经营者。中国绿色碳汇基金会最终将碳汇存入到捐款企业和个人碳汇账户。

7.2.4　交易风险分析

各种森林碳汇项目模式存在着不同的交易风险。

第一类，股份合作制模式是典型的土地加技术的临时经营模式，其交易风险存在股份合作中持有股份的各方利益博弈可能会到导致项目失败。例如，在项目开发时利益没有协商好，项目夭折，在项目实施中存在分歧撤资撤股等，这些利益分配问题将导致项目无法顺利完成。

第二类，自营模式的交易风险最小，但丧失得到森林碳汇溢价的收益。由于自愿开发森林碳汇项目的意愿动力不强，购买方可能会直接参与到项目实施中，林场或者企业对项目经营的控制力度会降低。这种预约式的购买，在项目的经营过程中，可变动的余地比较小，实施方案不能因地制宜，经营的灵活性受到限制，同时还有可能会出现违约的风险。

第三类，依附模式，其交易风险是不能独立经营整个森林碳汇项目，除了土地和劳动力，其经营森林碳汇项目的造林技术和森林碳汇的交易能力都不具备，需要依附其他模式提供外部性支持才能经营。在一个项目中依附模式与被依附的模式存在不协调风险，依附模式因占项目规模的小部分会丧失一部分经营权，例如议价权等。如果被依附的经营项目存在风险，涉及到项目的经营成败，这些风险也会传递到依附的经营者身上，使其风险更大。

第四类，中国绿色碳汇基金会委托模式。中国绿色碳汇基金会要承担的是委托代理风险——既要寻求争取森林碳汇消费者捐款，又要承担碳汇造林失败的风险。中国绿色碳汇基金会必须监督森林碳汇项目的实施，防止项目失败，但是由于其他非可控原因导致森林碳汇项目失败，它直接承担失败的后果。在全国没有实施强制减排的情况下，中国绿色碳汇基金会融资来源主要来自募集的资金，来源种类单一。

7.3 森林碳汇市场交易模式选择策略

森林碳汇交易模式不断推陈出新，形式越来越灵活。随着碳汇市场竞争不断加剧，为了降低费用、扩大销售、增加利润，市场上会不断出现一些风险小、收益大、可行性强的交易模式。科技不断进步，电子信息技术的广泛应用、金融服务功能的不断完善，催生了一些新的交易模式。交易模式形成不仅有利于加快森林碳汇的流通过程，扩大森林碳汇市场交易的规模和范围，有利于产销衔接，促进森林碳汇市场稳定和供求平衡；还有利于企业实现森林碳汇经营目标，提高森林碳汇的市场占有率和经济效益。森林碳汇市场交易模式的选择，考虑交易双方利益和各地林业经营现状，提出交易方式策略、融资策略和降低风险策略。

7.3.1 交易方式策略

在交易方式选择之前，应先降低交易成本，才能在低成本的情况下选择交易方式，按照合同法的规定将碳汇交易的合同标准化，确保交易方式合法有效。在交易过程中明确交易的制度和规则，降低交易的不确定性和发生成本；同时确认参与交易各方的权利和义务，防止因信息不对称导致的投机行为。其次，应规范森林碳汇交易的计量和检验程序，并尽可能标准化。森林碳汇的许多交易费用诸如审批成本、注册成本、监测成本以及核查和认证成本均与森林碳汇的计量和检验程序有关，对其进行标准化能够有效降低森林碳汇的总交易成本。与此同时，标准化还有助于项目开发者自主设计项目文件，以降低咨询费用。

交易方式策略主要取决于时间和付款方式的选择。首先，选择灵活的交易量和交易期。在进行交易谈判的初期，项目能产生森林碳汇的实际数量是不确定的，它将受人为以及气候等很多不确定因素的影响。因此，在签订合同时，森林碳汇交易量和交易期的确定应该具有一定的灵活性，最好不要将产生森林碳汇的数量和交易时间确定在某一具体数量和具体时间点上。可选择在某一时间点之前，累计产生一定数量的森林碳汇的灵活做法。其次，选择灵活的付款方式。从目前对近 100 家潜在购买方的网络调查来看，在基金类的购买方中，如果提前支付的金额不超过购买协议中所签订金额的 30%，将有 37% 的购买方愿意采用提前支付的方式；如果提前支付的金额不超过购买协议中所签订金额的 50%，将有 35% 的购买方愿意采用提前支付的方式；不愿意提前支付任何金额的购买方只占 5%。在政府和企业类的购买方中，如果提前支付金额不超过所签订合同金额的 30%，那么政府和企业分别有 20% 的购买方愿意采用提前付款的方式；不愿意采用任何提前支付方式的购买方占 40%。基于上述调查，建议项目开发商在签订合同时，采取提前支付 30% 的预付款用于项目初期的建设，其余部分等交付森林碳汇后再进行支付的付款方式。

7.3.2 融资策略

融资策略是为能够使碳汇林较容易获得所需资金，改变融资成本，影响企业的成本线，从而影响碳汇林的可持续发展。特别是我国的非公有林基本上没有得到政府更多实质性的资金扶持的情况下，完善融资机制更显重要。金融部门也由于造林费用的一次性投入比较大，林业生产周期长，部分商品林经营风险较大等原因，很少对林业资源生产提供贷款，对非公有制造林的贷款支持则更少。森林碳汇交易模式中融资策略的构建应立足现实，在努力克服环境障碍并逐步修正自身能力缺陷的同时，全力把握现有外部环境提供的机遇，充分发挥自身能力优势。

在国家层面上，在政策决策中承认并充分考虑森林碳汇对可持续发展的贡献，将其作为国家优先发展事项纳入低碳经济发展重点领域；多渠道、多形式加大对外宣传与交流，提升森林碳汇的国际合作广度与深度；加强对国内公众的引导，提高他们对森林碳汇重要性的认识，增加他们为森林碳汇发展贡献资金的意愿；积极开发适合本国国情的碳汇林建设标准，降低碳汇林建设的复杂性和交易成本；积极发展国内碳市场，研发创新型、专门针对碳汇林建设的金融工具，建立健全碳信用担保及保险体系。完善融资机制需要政府扶持、规范和协调，主要在四个方面进行扶持与协调。一是林权抵押贷款上。政府应积极协调金融企业开展此项业务，规范贷款抵押条件、利率和期限，尝试对林农以一定的组织为单位办理"打捆贷款"，以节约金融制度成本，并方便林农。二是提供政策性金融扶持和以政府担保、财政贴息方式获取商业银行贷款等。目前，政府必须打通非公有制造林主体以林地使用权或活立木资产作抵押获取商业银行贷款的融资主渠道，规范贷款抵押条件、利率、期限和抵押物保险业务，形成统一的制度规范。三是林权和产权制度改革方面。林权和产权制度改革是一个现金回流和林业投资的过程，如林地经营权发包、林木所有权转让、活立木交易及国有林业企业剥离辅业、退出一般竞争性领域等，都能带来产权收益，虽然不属规范意义上的融资，但同样获得了林业建设和运营资金。四是鼓励林业微观主体从资本市场直接融资，使一些具备条件的新机制企业通过股份制改造、发行股票和债券、资产证券化、信托等方式实现直接融资。

在项目开发者层面上，需要认真研究国际、国内气候变化的现有政策及其调整趋势，挖掘所有可能用于森林碳汇经营的融资渠道；审慎评价并清晰阐述拟实施项目的生态效益和社会效益，向潜在投资人解释投入与预期成果之间的关系，增加他们的投资信心和兴趣；加大造林技术、森林管护技术、碳汇监测与碳泄露控制技术的研发力度，进一步降低碳汇林建设的成本与风险，提高投资回报率，增大投资回报稳定性与投资者的信心；了解拟实施碳汇林项目的主要利益相关者及他们各自的利益诉求，并在未来实践中努力兼顾各方利益，平等分配项目的好处，力争获得政府、NGO和林农的长期稳定支持。

7.3.3 降低风险策略

第一类是股份合作制模式，降低了合作成本。中国大部分土地已经分散给家庭经营，使得森林碳汇合作信息收集成本高，地块分散难以形成规模经济，合同签订和实施成本以及项目的组织安排成本高。这些因素都会影响股份合作制模式的建立和发展。为了降低这些交易成本，一方面可以通过项目合作合同的标准化合理设计；另一方面，鼓励投资者进行规模经营、降低交易成本，政府可以鼓励农户参与和保护农户利益，这两者应该互为支持和补充，加快林农土地产权流转，形成规模化经营。

第二类是林场或者企业自营模式，鼓励多方联合开发森林碳汇项目。森林碳汇项目除了联合减排企业共同参加开发外，作为企业多元化投资的补充，经营者可以与国内外基金等金融机构合作，达到降低经营中资金链断裂的风险，扩大经营规模。

　　第三类是农户个体或者农户小组依附模式，成立生产协会，森林碳汇项目集中规模，减少依赖性。农户个体或者农户小组依附模式成立森林碳汇生产协会。协会的主要目的是帮助经营者在项目的立项申报、生产质量控制和市场交易等方面提供技术支持，维护自身利益。同时联合农户应每年集中办理森林碳汇项目，扩大规模，以乡镇或者县域为单位，将达不到生产规模的森林碳汇项目聚集成一个较大规模的项目，降低单位森林碳汇生产成本。同时，利于相关部门在特定一段时间内集中审核某地区小规模森林碳汇项目，统一监察，整体打包销售或者分小地区（如乡级）打包销售，实现森林碳汇理想的规模效应。

　　第四类是中国绿色碳汇基金会委托代理模式，联合金融机构募集闲散资金，加强森林碳汇项目市场中介角色。鼓励金融机构金融创新，在开发森林碳汇项目时，联合金融机构向社会广泛募集闲散资金，或者联合风险投资公司等发行森林碳汇股票，以投资森林碳汇项目，与经营方共担风险，共享收益。

第8章 森林碳汇市场交易流程设计

森林碳汇不是传统意义上的普通商品，它是一种引致需求，其交易的数量和质量都需要界定。因此，森林碳汇市场交易流程不仅包括出售交易环节，而且还包括审核生产、计量、出售和抵消等环节。

在我国，开展森林碳汇项目交易主要有两种情况。第一种是国际清洁发展机制（CDM）引进的森林碳汇项目。国内碳交易市场的建立是与国际接轨的政策制度密切联系的，CDM 森林碳汇项目需要在政府认可后才能在CDM 项目注册。其开发流程首先是投资方对森林碳汇项目识别与评估立项，形成概念文件，寻找国际买家和准备技术文件；其次是碳汇量销售商务谈判和项目现场核证；最后，先进行国内申报与审核、批准，再由联合国清洁发展机制执行理事会申报与注册，经实施与监测和碳汇量现场核查后，对碳汇量登记与签发，最终完成碳抵消。

第二种是中国绿色碳汇基金会自愿森林碳汇项目，中国绿色碳汇基金会与华东产权交易所联合进行示范型的自愿森林碳汇交易，交易方式是中国绿色碳汇基金会寻找合适开发的森林碳汇项目，组织森林碳汇生产，而华东产权交易所辅助基金会寻找自愿碳减排的森林碳汇买家。这种委托代理的生产销售方式在当前森林碳汇交易市场起到示范作用，推动森林碳汇市场交易的发展。

通过借鉴国内外森林碳汇交易流程，建立省级森林碳汇管理机构，按工作内容不同分为项目审核、技术中心、交易监管、注册和签发四个中心，明确管理和责任；按照流程设计的基础性和适应性原则，设计从立项、审批、注册、挂牌交易、结算到注销六步交易流程，并制定了相应配套的备案、申诉和惩罚机制，维护森林碳汇市场交易秩序。通过对森林碳汇市场交易流程的研究，逐步建立和完善全国的森林碳汇交易流程，使森林碳汇市场交易发展合理化和规范化。

建立森林碳汇市场交易流程将有助于推动省级乃至区域森林碳汇市场交易探寻有效的管理路径。设计适用于省级森林碳汇市场的交易流程，以满足区域森林碳汇交易发展制度化和规范化的要求，有利于省级率先开展强制碳减排后森林碳汇市场交易，开创区域碳交易的先例，为全国碳交易市场的构建探寻科学有效的路径。

8.1 交易流程的设计原则

森林碳汇交易流程设计原则是结合省级强制减排，使森林碳汇交易程序尽量简洁、高效、透明，降低交易各方的实际工作量，进而降低交易成本，从而将森林碳汇交易引入场内交易而非场外交易。

（1）简洁性原则。简单明了、易于执行的流程规则，既有利于政策的实施推广，充分发挥市场效用，也可为政策执行者和计划参与者节省时间和资本，降低管理成本。与此相反，复杂的条款则会引发规则执行过程中的各方面争议，导致政策执行的不确定性和不必要的负担。具体在森林碳汇交易流程设计时，简洁性重点体现在以下方面：交易步骤应坚持简单明了、便于操作的原则；交易程序和申报过程更应体现简洁性特征，不出现停滞，避免因交易流程不畅造成市场交易规模萎缩，阻碍市场发展的现象出现。

（2）高效性原则。森林碳汇市场交易运行效率是否高效主要体现在以下几方面：交易管理系统是否完善，交易操作是否简单易行，有效信息的提供是否丰富等。因此，设计省级森林碳汇市场交易流程应该着重考虑上述几个方面。

（3）透明性原则。森林碳汇交易设计过程的透明性有助于提高森林碳汇在社会的接受程度，有助于提高交易机制的执行，有助于森林碳汇市场交易的推广，减少场外交易，增强对森林碳汇交易的信任度，以及有利于对森林碳汇交易的监管。

（4）适应性原则。省级森林碳汇交易流程设计要结合本省实际情况，森林碳汇交易作为省级强制碳排放交易的补充形式决定了其交易流程应和碳排放交易流程相似，例如同一个交易场所内完成碳抵消、相似的监管机构和买家等。但森林碳汇的监测计量审核的专业性决定了其交易流程应和碳排放交易流程不相同，例如林业局的专业技术支持、交易账户中设立缓冲账户。在流程设计时，这些因素都应该被考虑在内。

同时，强制减排市场中森林碳汇市场交易区别于自愿减排交易，其交易流程设计要求更加严格，要确保按照流程逐一审核用于抵消碳排放的森林碳汇的真实性。为了严格为森林碳汇市场交易制度把关，在流程设计时应重点考虑森林碳汇指标的签发和注销。

8.2 交易管理机构的构建

8.2.1 机构建立的目的和意义

为保证碳交易顺利进行，省级政府部门应成立森林碳汇市场交易管理机构，以规范管理森林碳汇交易市场。森林碳汇市场交易管理机构是森林碳汇市场交易流程的主要制定和实施管理者。例如，根据《广东省碳排放权交易试点工作实施方案》，广东省在开展国家低碳省试点工作联席会议框架下建立省碳排放权交易试点专责协调领导小组，成员包括林业厅、广州碳排放权交易所等多部门的领导。

广东省发展和改革委员会是全省碳排放和碳排放权交易的主管部门，负责统筹协调碳排放权交易试点工作。因此，新成立的森林碳汇交易管理机构主管部门也将是省发展和改革委员会。省发展和改革委员会负责对森林碳汇交易制定规章制度和发展政策，同时发放核证森林碳汇指标。森林碳汇交易管理机负责森林碳汇交易示范及推行，对省级区域内参与森林碳汇交易机构和企业参与森林碳汇交易全过程进行指导、协调、监督和检查，并联合法院和检察院检查交易机构或者企业是否违反发法律法规等，及时向社会发布公开信息。省林业局负责森林碳汇的监测审核，为森林碳汇交易管理机构提供审核证明，林业局的技术支持将伴随着整个森林碳汇项目从立项到注销。碳排放交易所负责为森林碳汇提供交易监管平台，作为森林碳汇场内交易中的重要环节，碳排放交易所内森林碳汇交易信息，既为森林碳汇交易双方降低了交易成本，也便于管理机构的监管。

8.2.2　机构分工和职能

森林碳汇交易管理机构根据工作内容不同主要分为四个中心，分别是：项目审核中心、项目技术中心、交易监管中心、注册和签发中心（如图 8-1 所示）。森林碳汇交易管理机构工作核心将集中在交易监管中心。注册签发中心是对参与森林碳汇交易机构和森林碳汇数量进行控制，项目技术中心提供专业性的技术支持，项目审核中心审核涉及参与森林碳汇交易机构资格。

（1）项目审核中心负责对参与森林碳汇交易机构资格审查。其工作包括森林碳汇项目方资质，第三方森林碳汇计量监测机构资格审查，交易场所或者平台的资质审查及评定，交易中介委托代理机构的资质审查等。在省内森林碳汇交易试运行阶段，森林碳汇项目立项审核仅限于省内，交易场所或者平台主要是碳排放权交易所（如广州碳排放权交易所），交易中介机构的资质审查也仅限于省内。随着森林碳汇交易市场的不断发展，省级森林碳汇交易平台还可以引进国内外经营资质审核的交易平台，交易中介

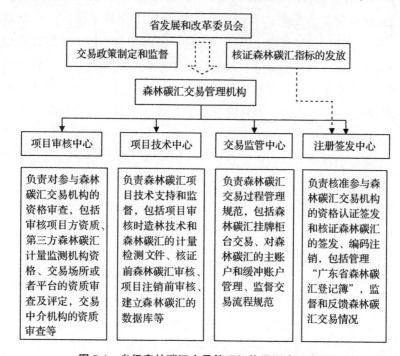

图 8-1　省级森林碳汇交易管理机构及职责示意图

机构的资质审查也会扩大到省内外，甚至国内外。项目审核中心将出台参与森林碳汇交易的相关机构的资质审核标准，以便于让更多优秀的碳交易机构参与省级森林碳汇交易。

（2）项目技术中心负责森林碳汇项目技术支持和监督，其工作包括项目立项审核时造林技术和森林碳汇的计量检测文件、核证前森林碳汇审核、项目注销前审核、建立森林碳汇的数据库等。该中心联合省林业厅成立森林碳汇计量认证中心，建立森林碳汇的数据库，项目技术中心监督测量森林碳汇项目实际进展情况，并将审核数据的收集、核实、录入以及归档数据库里。项目技术中心配合项目审核中心完成对审核描述文件中造林技术、森林碳汇的计量检测说明文件的工作，提供第三方森林碳汇计量监测机构的技术资质认定，独立完成核证之前的森林碳汇审核和项目注销前的森林碳汇审核工作，为森林碳汇审批提供判断标准。

（3）交易监管中心负责森林碳汇交易过程的管理规范，其工作包括规范森林碳汇挂牌柜台交易、监督交易流程、管理森林碳汇的主账户和缓冲账户等。在试运行阶段，森林碳汇挂牌柜台交易主要是碳排放权交易所。碳排放权交易所配合交易监管中心建设森林碳汇交易系统，建立交易记录，该系统主要包括注册登记、远程交易、即时报价、网上交割以及核证标准等技术系统，同时还需建立森林碳汇的主账户和缓冲账户、资金结算系统等。在不断完善森林碳汇交易过程中，交易监管中心制定涉及的森林碳汇交易撮合、价格形成、森林碳汇交割、资金清算、信息披露、风险控制、委托代理、争议调解等方面的业务流程和规则，并按此开展交易。交易监管中心监督在交易过程中联合银行、基金等金融部门对交易结算资金流进行监督。

（4）注册签发中心负责核准参与森林碳汇交易机构的资格认证签发，核证森林碳汇的签发、编码、注销，管理"省级森林碳汇登记簿"，反馈森林碳汇交易情况。注册签发中心的管理活动始终贯穿着整个森林碳汇交易过程。该中心一方面优化和控制参与森林碳汇交易机构的数量，签发森林碳汇项目方资质立项申请、第三方森林碳汇计量监测机构资质证、交易场所或者平台的资质证、交易中介委托代理机构的许可证等；另一方面控制和监督森林碳汇的签发量，保证森林碳汇项目的市场交易量。省级登记簿采用标准化的电子数据库形式，主要记录森林碳汇交易的相关信息，包括森林碳汇的主账户、缓冲账户、以及账户之间森林碳汇的流动。省级森林碳汇登记簿将记录每个单位森林碳汇从签发到注销的信息，并向森林碳汇主管部门反馈情况。

8.3 森林碳汇的交易流程

森林碳汇交易管理流程设计原则是使森林碳汇交易程序尽量简化，降低交易各方的实际工作量，明确涉及各方交易利益者——项目方、购买方、交易管理机构、交易委托代理机构等的责任，满足森林碳汇交易的"可计量、可核查、可报告"。基于上述，省级森林碳汇交易流程建立步骤如图 8-2 所示。

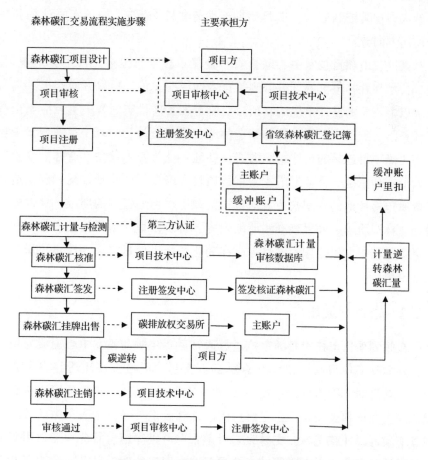

图 8-2 省级森林碳汇交易管理流程图

8.3.1 立项申请审核

申请需提交项目描述文件、权属证明、资质证明和其他要求四个文件，森林碳汇交易管理机构首先由项目审核中心联合省工商局审核项目方资质状况证明文件和筹资情况相关说明文件、权属证明。在项目审核中心需要备案材料内容应当包括：项目名称、项目实施单位、项目管理负责人和项目技术负责人及其联系方式(电话、传真、电子信箱)、项目建设范围(乡镇)、项目计划造林规模；拟开展项目造林地点的自然、社会、经济等现状情况；项目实施的意义；项目可行性分析(包括分析开展项目的造林地权属情况，即是否具有当地规划部门核准的林地使用权证、是否存在权属争议等；树种尤其是乡土树种、种苗、劳动力等条件；火灾和病虫害等自然灾害预防控制能力；造林后期经营管护能力等)；初步实施计划和投资使用方向等。

其次，由项目技术中心联合省林业局审核项目描述文件中林地规划、造林技术和森林碳汇的计量监测等技术性说明文件。项目方应当提供具有乙级以上资质的设计单位编制项目实施方案。项目实施方案重点应当把造林任务落实到山头地块，并编制造林施工作业设计。同时，实施方案中还应当明确项目造林的具体组织形式、整地栽植等实施计划、造林后期管护经营形式和制度。林业部门主要审核项目实施设计、监测方案和碳汇造林的资质包括林地的使用权或者承包权的取得、林地经营的期限、林地的规模和造林资质等。如果核准注册的内容，特别是提交项目描述文件，在实际运行过程中发生变化，项目方应在变化 7 个工作日之后，提出注册内容更换申请。

8.3.2 审批开通账户

在收到项目审核中心的审核通过通知后，注册和签发中心完成立项审批，森林碳汇项目有资格参与森林碳汇交易。项目方在注册签发中心注册，将项目的详细信息记录在"省级森林碳汇登记簿"，建立项目森林碳汇交易的主账户和缓冲账户，主账户用于森林碳汇交易，主账户内的核准森林碳汇量可以挂牌交易，交易完毕后主账户可以注销。而缓冲账户用于抵消碳逆转所带来的损失，缓冲森林碳汇首先用于补偿项目以前被购买并碳抵消的、注册的、被碳逆转的森林碳汇，其次是购买没有碳抵消的、注册的、被碳逆转的森林碳汇，最后是没有购买的、注册的、被碳逆转的森林碳汇。补偿的优先顺序依次是抵消的先后顺序最先、购买的先后顺序其次，再是注册的先后顺序来确定的。未注册的森林碳汇不进行补偿，项目结束缓冲账户才能注销。注册签发中心负责向主账户注入核准森林碳汇量，从缓冲账户中扣除抵消碳逆转的森林碳汇量，定期检查缓冲账户的余额，以避免缓冲账户出现负值。

8.3.3　认证后核准

在森林碳汇项目注册后，森林碳汇项目开始实施。在申请森林碳汇交易挂牌之前，森林碳汇项目需要将申请交易的森林碳汇进行计量监测和审定核查，计量监测是由第三方有森林碳汇资质的认证机构完成，审定核查要求由项目技术中心联合省林业部门完成，这样"计""核"分离是为了防止森林碳汇计量中出现弄虚作假行为。项目技术中心联合林业部门负责建立森林碳汇计量监测和审核数据库，审查监测和计量日志，实地搜集基础树种和地区的碳汇数据，记录到森林碳汇的数据库，并公布审核结果。项目技术中心审核具体实施如下：

(1)验收和核查应当依据项目实施方案，并参照《全国人工造林、更新实绩核查管理办法(试行)》和《全国人工造林、更新实绩核查技术规定(试行)》进行。主要内容包括：造林面积、造林成活率、保存率、造林作业质量、病虫害和火灾发生情况或风险评估、经营管护措施建立和落实情况、项目造林累计产生的碳汇情况等。

(2)项目实施三年后，林业部门配合项目技术中心组织项目核查组对项目实施成果进行核查。项目核查组应根据核查情况形成核查报告，由中心主任或者副主任签字后，提交项目技术中心备案。项目每隔五年进行一次碳汇计量，项目期内共计进行四次碳汇计量，第一次碳汇计量应当在项目实施后的第五个年度进行，碳汇计量由有资质的单位按照相应的技术指南进行。

(3)对未能按照实施方案完成项目任务；造林成活率、保存率达不到国家标准；管护措施未落实；出现严重破坏项目成果等情况，项目实施单位必须及时整改，并视具体情况，酌情暂缓直至停止交易以及取消停止申请资质和交易资格。

8.3.4 签发挂牌出售

通过审核的森林碳汇项目从注册签发中心得到经过编码的签发"省级核证森林碳汇(GFCER)",注册签发中心向主账户发放 70%的认证碳汇总量,向缓冲账户发放 30%的认证碳汇总量,这种发放比例可以随着森林碳汇交易市场成熟度不断变化而变动。每一个森林碳汇项目产生的森林碳汇都将在"登记簿"里有一个编码,与登记薄中登记信息记录相互印证,便于公开查询,节约信息交易成本。若有违规者被发现,碳排放权交易所立刻向交易监管中心报告,交易监管中心冻结交易,直至纠正交易行为。

森林碳汇挂牌出售,碳排放交易所确定挂牌公告内容、办理挂牌、延长挂牌、撤销或停止挂牌及延长或终止挂牌业务,收取挂牌成本费。主要业务流程如下:

(1)挂牌公告的内容。出售森林碳汇的基本情况;出售起步价、付款方式和期限要求;森林碳汇项目实施的基本情况;森林碳汇监测计量、审核机构、内容、时间;购买方缴纳履约保证金数额、截止时间、汇入账户名称、开户行名称、账号等;森林碳汇展示起止时间、竞价时间;碳排放交易所联系电话、联系人、办公地址及规定的其他需公告的事项。

(2)挂牌公告的期限。挂牌公告期限不得少于 20 个交易日,碳排放交易所在挂牌公告期满之日起 3 个工作日内将挂牌公告结果书面通知出售方。

(3)撤销或停止挂牌。森林碳汇出售信息一经挂牌,在挂牌期限内未经碳排放交易所同意,不得提出撤销或者停止挂牌,不得改变挂牌价格。因特殊原因坚持撤销或停止挂牌的,应充分说明理由,经碳排放交易所核准后,撤销其挂牌。

(4)延长或终止挂牌。挂牌期满,对挂牌森林碳汇无人提出购买的,碳排放交易所可根据申请人请求延长挂牌期限或终止挂牌。

8.3.5 交易结算

项目方将省级核证森林碳汇(GFCER)登记在碳排放交易所挂牌出售主账户里的森林碳汇、进行柜台交易,省金融办协助监督资金流动,在挂牌期满确定交易方式。挂牌公告期满之日起 3 个工作日内,碳排放交易所根据有关规则和购买方申请的实际情况，将挂牌公告结果书面通知出售方，并确定交易方式。碳排放交易所确定交易方式的原则为：第一，只有一家购买方提出购买申请的，按照挂牌价组织交易；第二，有两家及以上购买方提出购买申请的，应采取网上竞价的方式组织交易。

（1）组织交易。如果只有一家购买方提出购买申请的，按挂牌价转让方式，由碳排放交易所出面，就交易事项指导交易双方，并按照出售方挂牌价组织交易。如果有两家及以上购买方提出购买申请，应采取公开、集中的网上竞价方式，按照"价高者得"的原则确定购买方。具体流程如下：①接收竞价申请，认定申请购买人资格。碳排放交易所在确定的时间内，对购买申请人进行资格审查，确定参与竞价的购买方资格；②向参与竞价的购买方发出通知，碳排放交易所在限定的时间内书面通知参加竞价的购买方，并告知有关竞价结果；③购买方在竞价前一天，保证金必须到达碳排放交易所指定账户；④登陆交易大厅竞价，登陆交易大厅进入集中竞价阶段，购买方可以自主报价，一经报价，不得撤回，但可以继续按规定加价报价，当其他方有更高报价时，原报价失效，购买方最高竞价系统三次确认后即为成交；⑤保证金处置，未中标者碳排放交易所应在三天内退还保证金，中标者可以用保证金抵扣交易价款或支付相关交易费用。

（2）签合同结算。组织交易完成后，碳排放交易所提供森林碳汇交易合同示范文本，指导并组织签约。碳排放交易所指导出让方和受让方按照森林碳汇交易合同示范文本的格式填写具体内容。待双方对合同达成一致意见后，组织双方正式签订森林碳汇交易合同。森林碳汇交易合同经交易双方签字盖章，碳排放交易所审核并出具森林碳汇交易凭证后正式生效。

（3）专用账户资金结算。在碳排放交易所内签订购买合同后，由碳排放交易所通过在银行开立的人民币或者外币交易资金结算专用账户，统一办理交易价款结算，收取交易手续费、交易佣金、划转交易价款。结算流程如下：首先，购买方应通过自己在银行开立的银行账户，在规定期限内按森林碳汇交易合同的约定将交易价款汇入碳排放交易所的交易资金结算专用账户；其次，碳排放交易所对购买方划转的购买资金确认无误后，向购买方出具交易价款汇入通知单，森林碳汇过户变更之后将资金转入出售方资金账户，并向出售方发出交易价款入账通知单；最后，购买方按相关规定向碳排放交易所交纳交易价款，碳排放交易所从双方收取交易手续费、以及购买方交易佣金等之后，向交易双方出具领取森林碳汇交易凭证通知书。

交易双方凭领取森林碳汇交易凭证通知书到碳排放交易所领取森林碳汇交易凭证。付款后拿到编号，到"省级森林碳汇登记簿"备案后交易完成。若购买方需要抵消碳排放，只需提供编号和"省级森林碳汇登记簿"备案证明即可。

8.3.6 注销交易结束

项目技术中心最后审核和修正最终碳汇量，在注册签发中心申请"省级森林碳汇登记簿"备案后，主账户余额为 0 时可以注销。项目结束时，项目技术中心做最后审核和修正最终碳汇量的工作，保证核准森林碳汇真实有效，最后注销缓冲账户。

8.4 交易流程配套机制分析

为保证交易按照流程顺畅进行，省级森林碳汇交易流程设计应制定相应的配套机制。备案机制做到交易信息可报告、申诉机制保证森林交易畅通、惩罚机制防止交易中出现的违规行为，维护森林碳汇交易秩序。

8.4.1 备案机制

建立登记备案制度的目的在于防止森林碳汇的重复建设，便于检查核实。森林碳汇项目交易备案机制主要记录项目的基本信息，从立项到出售，再到最后注销。森林碳汇交易登记备案机制是掌握碳交易及其变化情况的途径。"省森林碳汇登记簿"做为森林碳汇管理机构主要的备案机制，与森林碳汇持有者拥有核证森林碳汇的编码、碳排放交易所的交易日志组成一个完整且相互印证的备案机制。

森林碳汇管理部门建立和维护"省级森林碳汇登记簿"作为备案，以保证森林碳汇项目产生碳汇的签发、持有、转让、获取和注销的准确核算。备案登记是备案审查制度的基础性环节。在备案登记阶段应对报备文件的报备时限、报备格式、制定主体、制定程序等进行审查，对符合登记要求的予以登记，对不符合登记要求的，视不同情况予以不同处理。森林碳汇管理部门要求交易双方就森林碳汇交易情况进行登记，所有交易活动都须通过账户进行。森林碳汇交易必须进行柜台交易登记，以便监督管理。交易平台记录交易日志向供需双方提供森林碳汇交易信息例如森林碳汇挂牌出售，可以出具有森林碳汇所有权转让登记证明和森林碳汇编码为以后森林碳汇消费提供证明，防止同一份森林碳汇卖给多家企业的现象出现。

8.4.2 申诉机制

申诉机制主要是对森林碳汇交易管理机构的行政行为提出申诉，防止管理机构管理权利过于强大，帮助参与森林碳汇交易机构更好的参与其中，给参与森林碳汇交易机构和个人提供逐级申诉的权利和途径。根据申述内容，该机制主要包括以下三种情况。

第一种是技术性申诉。在项目立项时项目方对项目技术中心的审核结果存在分歧，审核流程和方法等非人为因素导致审核结果不一致，且项目方对这些技术性结果不认可时，项目方承担出具相关技术证据的责任，向森林碳汇管理部门提出重新核查的申请，或提出完善审核流程的技术建议，或提出更换审核单位申请，由森林碳汇管理部门最后提交重新审核报告。

第二种是援助性申诉。在项目计量监测时，由于各种原因没有第三方认证机构愿意计量监测，项目方提出援助申请，森林碳汇管理部门可指定林业专家或者林业机构进行计量，或者项目方可以向森林碳汇管理部门申请指定或者推荐核证第三方。

第三种是流程性申诉。各中心没有按照规章制度办理，项目没有通过且没有给予合理解释或者给予不合理的解释、未按规定时间内签发核准森林碳汇或者滥用垄断权利等，项目方向森林碳汇管理部门提出申诉，要求各中心承担出具相关证据的责任。此外，在审核过程中提出与审核无关的要求等，存在人为因素影响审核结果，项目方可直接向省发改委或检察院提供证据进行申诉。

申诉的渠道可以选择口头或书面申诉，但是不论选择哪种方式均需要填写森林碳汇管理申诉答复表作好记录。通常情况建议申诉人采取书面申诉，这样以便于申诉的处理；申诉必须一级一级地向上进行，不能跳级申诉。当申诉到上级时，上级限时没有回复可跳级申诉，森林碳汇管理机构均可在权限范围内对申诉事项进行解答，如果申诉人接受该答复即可终止申诉。

森林碳汇管理机构应在接收森林碳汇管理申诉答复表时，必须详细分析申诉事项是否符合本申诉范围要求，如果不符合要求，应当场告知申诉人并在申诉答复表上注明。如果申诉事项符合要求，森林碳汇管理机构应立即告知申诉人自己能否对申诉事项作出解答，如果不能做出解答则明确告知申诉人，并在申诉答复表上写明由申诉处理程序的后一级进行解答。申诉人对二者的处理结果均不满意，可直接向森林碳汇管理机构的上级领导提出申诉，由部门领导负责申诉事项的调查、取证、反馈等工作。如申诉人还不满意可以以此类推，向更高一层申诉。森林碳汇管理机构均应在7个工作日内对申诉事项作好调查、取证等工作，并得出最终结论。如果申诉人对调查结论不满意的，可以在知道申诉结论之时起3天内提出再申诉，3天后不提出再申诉，即表示申诉人接受该结论。

8.4.3 惩罚机制

森林碳汇交易流程中参与各方都要受到约束，森林碳汇交易设计中惩罚机制主要是为了鼓励合法交易，维护交易市场秩序，起到交易"防护网"的作用，具体惩罚措施如下。

第一，项目方违反规定应负主要责任接受惩罚。例如在森林碳汇项目审核中，项目方故意出具不实审核材料，或者向审核工作人员行贿，森林碳汇交易管理机构将永久性取消其项目负责人和负责机构参与森林碳汇交易的资格，并诉诸法律，追究其法律责任；如果项目开发实施失败，项目提出退出申请，说明退出理由，核准森林碳汇失效，交易失败。由于非不可抗力因素影响导致项目失败，森林碳汇管理机构将对项目负责人予以处罚。如果出现碳逆转，项目方若没有及时申请，也没有提交补救方案或者减少相应量的森林碳汇审核量等，项目方也将受到惩罚。

第二，森林碳汇交易管理机构有违法乱纪行为，应负主要责任接受惩罚。其主要的四个中心对交易方造成损失的，森林碳汇交易管理机构实行领导负责制，除了追究相关责任人的法律和经济责任外，还要及时补偿违规交易带来的损失。

第三，其他参与森林碳汇交易机构和个人方面出现扰乱市场秩序行为，应负主要责任接受惩罚。例如机构违反规定立即吊销经营许可证，并处以罚款，主要负责人 N 年内不得再进入碳排放权交易市场。交易中介委托代理机构出现欺诈交易任意一方或者购买方提供虚假的森林碳汇编号和"省级森林碳汇登记簿"备案证明时，森林碳汇交易管理机构将永久性取消其项目负责人和负责机构参与森林碳汇交易的资格，并诉诸法律，追究其法律责任。

第9章　森林碳汇市场交易制度的构建

为了更好地规范森林碳汇交易行为，稳定森林碳汇市场交易价格和交易量，约束森林碳汇供给与需求双方为了自身利益而导致森林碳汇交易管理与秩序混乱的潜在行为，实现森林碳汇市场交易可行性、持续性和长效性的发展，建立健全省级森林碳汇交易制度势在必行。

9.1　制度构建原则与分类

9.1.1　制度构建原则

(1)科学性原则。制度建立的科学性需要体现在制度制定后符合中国国情和各省的政策方向，要统筹规划并且具有科学依据，要在现行的交易体制中探寻科学规律，体现制度制定的科学性，便于制度的有效实施和规范。

(2)可行性原则。可行性原则主要针对省级森林碳汇交易中出现的供给方和需求方的不均衡问题而提出，供给方市场势力相对较弱，需求方的市场势力会形成潜在的买方垄断势力。因此，制度的制定需要规范交易双方的行为和稳定双方的发展，以此实现森林碳汇正常交易，有序发展省级森林碳汇交易市场。

(3)时效性和长效性原则。省级森林碳汇制度的发展应该与时俱进，伴随国际和国内整个森林碳汇发展前提进行，在不断的交易中，会存在更多不可预料的因素影响森林碳汇交易的正常发展。因此，制度的制定需要有一定的时效性和长效性，以此约束在不定时期内存在影响交易发展的现象。

(4)效益与成本兼顾原则。森林碳汇的发展本身存在一定的碳逆转风险导致交易的外部性溢出，且效益和成本的控制不能量化。为了适应全球经济发展并促进森林碳汇发展，在制度制定中需要考虑各方的效益和成本，实现综合价值。

9.1.2　交易制度分类

(1)管理型制度。在省级森林碳汇市场交易制度制定中，管理型制度主要指正向地规定和规范在交易中涉利方的正当行为和措施，具体指供给方管理规范、需求方的管理规范、相关交易中间部门的管理规范以及地方约定俗成的村规民约等等。管理型制度主要规范交易能够正常、有秩序地进行，并且能够长期、有效地维持交易，促进森林碳汇的发展。

(2)监督型制度。森林碳汇市场交易若没有相应的监督机制，容易被某些在利益驱使下的涉利方打破现有的平衡，从而出现交易秩序混乱或者效益和成本溢出的现象，导致无效发展。监督型制度是约束涉利方在一定的管理规范下没有履行相应的责任和义务或者没有按照一定的要求实施交易行为的制度规范，包括法律和行政规定等，主要实现监管的作用。

(3)配套型制度。为了使得森林碳汇市场交易有序进行，在一定的管理制度和监督机制下，相应的配套制度不可避免。配套型制度主要指林权抵押、林业保险、资金融资和三方中介(协会)等相关的制度规范，还包括各交易环节中细小的辅助型规范等。

9.2　准入管理制度

森林碳汇供给管理制度是指规范森林碳汇供给方的准入制度，控制森林碳汇市场交易规模，从而增加森林碳汇供给量，扩大森林碳汇供给规模，稳定森林碳汇供给。为了规范四种森林碳汇交易模式(股份合作模式、自营模式、依附模式和委托模式)中不同经营方式，其制度主要包括：供给方范围与资质的规范、供给方(碳汇林)的合法性制度、供给方的审批准则和组织供给的管理制度等。

9.2.1　供给方范围与资质的规范

森林碳汇的供给方是指农村集体经济组织、具有完全民事权利能力和民事行为能力的法人、自然人或其他经济组织。其应具备如下条件：首先，供给方必须提交权属证明、土地现状图、面积汇总表、使用年限说明、森林碳汇交易承诺等相关材料，自营模式的企业必须提供林业造林相关的生产经营资质备案。其次，凡农村集体经济组织申请转让（简称申让），应当拥有该权属的村民大会或村民代表大会三分之二以上成员同意的书面材料。除此之外，对于股份合作模式企业还需要提交股份合作说明书，例如股份合作协议书，而依附模式的农户必须提供农户个人经营条件，和被依附的经营主体提交依附关系协议书。最后，作为我国最大的森林碳汇交易代理者，中国绿色碳汇基金会进入省级森林碳汇交易市场必须提交代理资质和范围备案和与森林碳汇生产者相应授权的委托文书。

9.2.2　供给方（碳汇林）的合法性制度

用于森林碳汇交易的碳汇林应具备以下条件：①使用或承包经营权属合法、明晰且无争议，委托代理模式中代理者负责森林碳汇经营权属证明的提交，依附模式的农户需要同被依附者一起负责森林碳汇经营权属证明的提交；②申请规模不小于100亩，同一次申请的不同地点的碳汇造林属于不同的申请规模，在依附模式中农户所经营的面积应包含在被依附申请者的申请面积内；③进入森林碳汇交易的碳汇林，自森林碳汇登记之日起计算，其森林经营期限不得少于最低要求年限。

9.2.3　供给方的审批准则

森林碳汇项目审批目的是优化森林碳汇项目开发，将开发森林碳汇项目的资金引导到最合适的方向，保持森林碳汇项目市场开发供需平衡。审批森林碳汇项目要对经济不发达地区进行生态补偿，以缓解地区经济和生态压力，落实碳排放企业承担其社会责任，维护我国的生态安全，减少公共部门对生态补偿的投入。

森林碳汇交易管理机构审批的原则或者优先原则，主要从经济、生态、社会三方面考虑。其优先审批的顺序由高到低是：第一，优先考虑生态区位重要和生态环境脆弱地区，尤其是生态林建设，如大江大河源头、重要水库周围、西部风沙源以及石油、煤炭开采矿区等。第二，在森林碳汇交易模式是依附模式时，优先考虑经济落后地区，尤其是少数民族地区、革命老区、贫困地区，维持经济社会可持续发展。第三，在股份合作模式下，优先考虑相对集中、规模较大项目以及单位面积碳汇能力较高项目、森林经营水平较高项目和有购买方参与的项目，特别是股份合作模式项目。例如：国有林场或者集体林场由于使用权或承包经营权权属合法、明晰且无争议，核查手续简单，申请规模较大（不小于 1000 亩），登记之日起计算其森林经营期限比较长（不得少于 20 年），可以直接到省级森林碳汇管理机构登记备案。

9.2.4　组织供给的管理制度

为了稳定和扩大森林碳汇供给量，规范森林碳汇供给，省级政府部门应当设立辅助型机构并制定相关规定。其主要内容如下。

首先，省林业部门应成立森林碳汇生产协会，配合森林碳汇管理机构帮扶、管理和监督森林碳汇市场交易供给方。协会的主要目的为了帮助森林碳汇供给方在项目的立项申报、生产质量控制和市场交易准备等方面提供技术支持，并且培养一部分森林碳汇项目管理的专业人才。协会作为一个正式的、独立的第三方组织，有着正式的信息传递渠道，可以代替企业和政府搜寻信息，规范行业，增强行业竞争力。它的作用在于：①帮助企业以更低的成本进入新兴的森林碳汇市场，扶持一批有能力的市场交易先行者，建立森林碳汇开发的互助基金，开拓森林碳汇市场；②聚集力量，有利于增强森林碳汇项目方形成讨价还价的市场势力，稳定森林碳汇的交易量和价格；③对协会内森林碳汇项目方监督自律检查，引导森林碳汇行业快速并良性发展。

其次，聚集小规模项目，拓宽供给群体。林业部门应每年集中办理森林碳汇规模较小的个体企业和农户的业务申请，以乡镇或者县域为单位，将达不到生产规模的森林碳汇项目聚集成一个较大规模的项目，降低单位的森林碳汇经营成本。个体农户以及其他拥有或经营森林资源的个人、企业以及其他实体，由于申请的规模较小，单独的审核费用较高，可能会放弃参加森林碳汇交易。相关部门可以每年由市级森林碳汇管理机构（或者省级森林碳汇管理机构每年在不同的市征集）在特定一段时间内集中审核某地区小规模森林碳汇项目，统一监察，整体打包销售或者分小地区（如乡级）打包销售，实现森林碳汇理想的规模效应。在实际操作中，只要每次办理都生成一个生产批号，批号最后 1 位数代表整体项目中的子项目，以区别森林碳汇的来源，这样可方便森林碳汇管理机构检查和管理。

9.3　森林碳汇交易所的管理制度

为了降低森林碳汇交易成本，促进森林碳汇市场交易，有必要设立相关的机构进行辅助管理，保证森林碳汇市场交易的高效率、高质量、低成本和稳定长效发展。

9.3.1　森林碳汇交易所的功能

森林碳汇交易所是指经国家批准，有组织、专门集中进行有价森林碳汇交易的有形场所。森林碳汇交易所实行公平、公开、公正的原则，交易价格由交易双方公开竞价确定，实行价格优先、时间优先的竞价成交原则。森林碳汇交易所接受和办理符合有关法令规定的森林碳汇挂牌买卖，买卖双方在森林碳汇交易所进行森林碳汇买卖。

森林碳汇交易所是市场高端形态，是交易的高效率市场。森林碳汇交易所的作用是将卖方、买方及投机者高效有序地汇集在一起，对于森林碳汇交易的正常开展具有十分重要的作用。交易所的参与方都以会员等形式进行登记注册，并且记录其在交易所的活动，从而保证了信息的真实、可靠。森林碳汇交易所具备以下四种基础功能：①对交易所交易双方而言，它是一个提供硬件设备和交易信息软件服务的场所；②对社会公众或行业从业者来说，它是一个发布较权威专业信息的机构；③投资者可以从交易所信息中寻找新的投资方向；④政府组织能够从交易所开放型信息披露与其本身公布的数据中，掌握行业动态，为政府决策提供依据。其具体功能如下：

（1）降低交易成本。交易所为森林碳汇交易提供一个专门的、有组织的场所和各种方便多样的设施，如先进的通讯设备和网络等。交易所集中了不同区域不同数量森林碳汇的大量信息，参与其中的交易方能够从中快捷而有效地选择中意的交易对象。同时制订森林碳汇交易合约，将森林碳汇合约的条款统一化和标准化。这样使森林碳汇交易市场具有高度流动性，提高了市场效率。交易所自身不拥有，也不能买卖合约，它仅提供买卖合约的场所。为森林碳汇交易提供现金结算、森林碳汇交割服务，如清退保证金、收取交割货款和提供各种标准合同等。

（2）调节供求价格。交易所提供了公开进行交易的场所，且聚积众多买方和卖方，众多的供求因素都集中统一到一个有序市场上来，从而能够形成一个较真实、准确的权威性价格。交易所制定交易行为规章制度和交易规则，并保证和监督这些制度、规则的实施，最大限度地规范交易行为。交易所不能确定价格，价格在交易厅内以公开竞价交易方式协定。同时这些规则随着交易和社会经济的发展不断地健全和完善。

（3）具有能动性与快速反应能力。提供信息服务，及时把场内所形成的森林碳汇交易价格公布于众，增加了市场的透明度和公开性。交易所公布价格信息，以便让场外的交易者了解市场行情。依靠交易所这个有形主体迅速反馈市场信息，生产者就能及时调整生产，减少了盲目性。

（4）为交易双方提供履约及财务方面的担保。森林碳汇交易中的买方和卖方都是以森林碳汇交易所为对手的，提供交易信息和交易意愿。这是由于森林碳汇交易机制要求交易所先作为"买方的卖方和卖方的买方"的角色，承担最终履约责任，从而大大降低了森林碳汇交易中的信用风险。同时监督、管理交易所内进行的交易活动，调解交易纠纷，包括交易者之间的纠纷、客户与经纪公司之间的纠纷等。

9.3.2 交易平台的管理制度

省级森林碳汇管理委员会能批准森林碳汇市场交易平台的申请资质、审核从事交易平台的管理人员和制定交易管理的流程。经交易平台备案的交易系统与省森林碳汇交易管理委员会管理下的森林碳汇交易登记簿连接，实时记录森林碳汇量变更情况。需提交以下材料：森林碳汇交易平台机构的注册资本及股权结构说明；机构的章程、内部监管制度及有关设施情况报告；交易机构的场地、网络、设备、人员等情况说明及相关地方或行业主管部门出具的意见和证明材料；机构的交易细则。

审批原则主要是考虑省内的、拥有雄厚资金的和具有森林碳汇相关领域经验的森林碳汇交易机构。具体为：①在中国境内注册的中资法人机构，注册资本不低于五百万元人民币；②具有符合要求的营业场所、交易系统、结算系统、业务资料报送系统和与业务有关的其他设施，优先考虑已经从事碳交易或者碳排放交易的机构；③拥有具备相关领域专业知识及相关经验的从业人员，特别是拥有从事森林碳汇领域资质的人员；④具有严格的监察稽核、风险控制等内部监控制度；⑤森林碳汇在平台内交易细则内容完整、明确，具备可操作性。

森林碳汇交易所作为产权交易所的类型之一，为森林碳汇产权交易当事人提供服务的法人组织，是产权资源优化配置的信息和交易平台，受到管理产权的行政机构监管。在市场发展的初期，大部分场内交易是由政府出面进行干预和撮合，以达到企业森林碳汇转让的目的，后来才发展为自主进场交易的方式。一般这类从事森林碳汇交易中介业务的机构必须具备以下条件：具有法人资格；具有一定数量并胜任工作需要的专业技术人员和管理人员；具有完善的交易规则和相关的规章制度；具有森林碳汇交易管理机构批准的从事森林碳汇交易中介业务的资格。目前，各省市的森林碳汇交易中心、森林碳汇交易所都是这类中介机构，具有较强的地域特征。

9.3.3 市场交易监管制度

首先，森林碳汇交易平台是省级森林碳汇场内交易的场所，森林碳汇交易平台主要负责森林碳汇项目交易登记和备案，记录项目从立项到出售，再到最后注销的基本信息。森林碳汇管理部门要求交易双方就森林碳汇交易情况进行登记，所有交易活动都须通过账户进行。森林碳汇交易必须进行柜台交易登记，在森林碳汇交易所内登记和备案，以便监督管理。交易所应当就其市场内的成交情况编制日报表、周报表、月报表和年报表，并及时向森林碳汇市场交易管理机构公布。森林碳汇交易所及其会员应当妥善保存森林碳汇交易中产生的委托资料、交易记录、清算文件等，并制定相应的查询和保密管理措施。森林碳汇交易所应当根据需要制定上述文件的保存期，并报森林碳汇市场交易管理机构批准。重要文件的保存期应当不少于20年。

森林碳汇交易平台主要是完成森林碳汇交易备案和交易记录，交易平台记录交易日志，并向供需双方提供森林碳汇交易信息，例如森林碳汇挂牌出售，出具森林碳汇所有权转让登记证明和森林碳汇编码，为以后森林碳汇消费提供证明，防止同一份森林碳汇卖给多家企业的现象出现。建立登记备案制度的目的在于防止森林碳汇的重复建设，便于检查核实。

其次，森林碳汇交易所应当建立符合森林碳汇市场监督管理和实时监控要求的计算机系统，并设立负责森林碳汇市场监管工作的专门机构。森林碳汇市场交易管理机构可以要求森林碳汇交易所之间建立以市场监管为目的的信息交换制度和联合监管制度，共同监管跨市场的不正当交易行为，控制市场风险。

森林碳汇交易所要制定交易细则的内容包括：交易森林碳汇的种类和期限；森林碳汇交易方式和操作程序；森林碳汇交易中的禁止行为说明；清算交割事项的原则；交易纠纷的解决措施；挂牌森林碳汇的暂停原则、恢复与取消交易的规定；森林碳汇交易所的开市、收市、休市及异常情况的处理；交易手续费及其他有关费用的收取方式和标准；对违反交易规则行为的处理规定；交易所森林碳汇交易信息的提供和管理；挂牌森林碳汇公布方式和竞价方法。

最后，森林碳汇交易所应当保证交易细则得到切实执行，对违反细则的行为要及时处理。对于存在国家有关法律、法规、规章、政策中规定的有关森林碳汇交易的违法、违规行为，森林碳汇交易所有发现、制止和上报的责任，并有权在职责范围内予以查处。交易所应当在业务规则中对森林碳汇交易合同的生效和废止条件作出明确详细规定，并维护在本森林碳汇交易所达成的森林碳汇交易合同的有效性。同时，确保投资者有平等机会获取森林碳汇在交易市场上公开披露的信息，拥有平等的交易机会。

森林碳汇交易所有权依照有关规定，暂停或者恢复挂牌森林碳汇的交易。暂停交易的时间超过 1 个交易日时，应当报森林碳汇市场交易管理机构备案；超过 5 个交易日时，应当事先报森林碳汇市场交易管理机构批准。森林碳汇交易所应当建立市场准入制度，并根据森林碳汇市场交易管理机构的要求，限制或者禁止特定森林碳汇投资者的森林碳汇交易行为，例如有不良交易记录的机构等。

9.3.4 挂牌交易的监管制度

首先，森林碳汇交易所应当根据有关法律、行政法规的规定制定具体的挂牌规则。其内容包括：森林碳汇挂牌的条件、申请和批准程序以及挂牌协议的内容及格式；挂牌公告书的内容及格式；挂牌费用及其他有关费用的收取方式和标准；对违反挂牌规则行为的处理规定。

森林碳汇交易所应当采取必要的技术措施，将挂牌森林碳汇供给方尚未挂牌交易的森林碳汇与其已挂牌交易森林碳汇区别开来。未经森林碳汇市场交易管理机构批准，不得准许尚未挂牌森林碳汇进入交易系统。

森林碳汇交易所应当根据森林碳汇市场交易管理机构统一制定的格式和森林碳汇交易所的有关业务规则，复核挂牌森林碳汇的说明书、挂牌公告书等与森林碳汇挂牌直接相关的公开说明文件，并监督挂牌森林碳汇按时公布信息。森林碳汇交易所可以要求挂牌森林碳汇就上述文件做出补充说明并予以公布。

其次，森林碳汇交易所应当与挂牌森林碳汇供给方订立挂牌协议，确定相互间的权利义务关系。挂牌协议的内容与格式应当符合国家有关法律、法规、规章、政策的规定，并报森林碳汇市场交易管理机构备案。交易所与任何挂牌森林碳汇供给方所签挂牌协议的内容与格式均应一致；确实需要与某些挂牌森林碳汇供给方签署特殊条款时，报森林碳汇市场交易管理机构批准。

交易所与挂牌森林碳汇供给方协议应当包括下列内容：挂牌费用的项目和数额；交易所为森林碳汇挂牌、交易所提供的技术服务；要求公司指定专人负责森林碳汇事务；协议双方违反挂牌协议的处理；仲裁条款。

最后，森林碳汇交易所应当制定暂停挂牌森林碳汇交易的规则，并要求挂牌森林碳汇供给方立即公布有关信息，暂停挂牌森林碳汇交易的情况包括：①森林碳汇交易价格发生异常波动；②挂牌森林碳汇供给方依据挂牌协议提出停牌申请；③森林碳汇市场交易管理机构依法作出暂停森林交易的决定时。

森林碳汇交易所对挂牌森林碳汇未按规定履行交易相关信息披露义务的行为，可以按照挂牌协议的规定予以处理，并可以就其违反森林碳汇法规的行为提出处罚意见，报森林碳汇市场交易管理机构予以处罚。

9.4 森林碳汇交易第三方服务的管理制度

森林碳汇第三方服务是指为森林碳汇交易活动提供咨询、价格评估、经纪代理等行为的机构总称。森林碳汇第三方服务机构是指介于森林碳汇生产经营者和购买者之间，依法取得资格专门为生产经营者和消费者提供服务的组织。森林碳汇交易第三方服务机构被形象地称为森林碳汇交易市场的"桥梁"，把森林碳汇交易主体串联在一起从事经济活动。中介机构通过发挥各自的职能，遵守公开、公平、公正的原则，使森林碳汇交易达到交易双方预期的经济目的。

9.4.1 第三方服务机构的特点

(1)专业技术性，指第三方服务机构拥有大量专业服务人员，提供高效专业的服务。参与森林碳汇市场交易的服务性中介机构一般包括森林碳汇计量监测机构、森林碳汇认证机构，以及市场上大量存在的交易经纪公司，前两种事务所分别对森林碳汇出让方和购买方提供森林碳汇产权界定和核准等专业服务。交易经纪公司一般是出让方和购买方的代理机构，为交易主体提供森林碳汇项目信息搜集、价格评估等服务。

(2)市场盈利性，是由所有第三方服务机构的本质特性所决定的。第三方服务机构基本都是盈利性的公司或事务所，其主要商业目的是提供优质而专业的服务，帮助森林碳汇交易的出让方和购买方顺利完成交易，从中收取服务费用或按照比例提成。市场盈利性能够实现第三方服务机构在森林碳汇交易市场上的商业价值和预期利益。

(3)公正透明性，是对森林碳汇第三方服务机构提出的道德要求和法律要求。森林碳汇交易中，第三方服务机构必须遵循诚实信用、自愿公平等原则，对交易双方所提供交易资料的准确性、真实性进行核实，并承担相应风险。实践中森林碳汇第三方服务机构在提供业务时必定会接触到被代理方的商业秘密或重要的商业信息。这些重要信息被相应的法律法规所保护。有时规定第三方服务机构应予保密，有时要求应该在市场上披露，那么第三方服务机构必须严格按照法律法规予以实施。对于缺少法律法规保护的重要信息，第三方服务机构要以谨慎的态度对待，给予商业保护或进行市场披露，履行自己最大的道德义务。

(4)业务独立性，企业和个人不得干预社会中介机构的正常执业行为。第三方服务机构在提供服务时应根据自己的判断和客户的合理要求提供相应的服务业务，行政机关或相关组织、个人不得进行不合理的干预。

9.4.2 第三方服务机构的审核制度

森林碳汇第三方必须是有能力经营森林碳汇的独立经营实体，必须拥有一定数量持有森林碳汇从业资格证的从业人员，森林碳汇认证人员拥有森林碳汇认证资格证，审核人员具有森林碳汇审核资格证，具备一定的从业记录。

申请条件包括如下：①具有独立法人资格，企业注册资金资格，具有开展业务活动所需的固定场所、设施及办公条件；②具有开展业务活动所需的稳定的财务支持和完善的财务制度，并具有应对风险的能力，确保对其审定与核证活动可能引发的风险能够采取合理有效措施，并承担相应的经济和法律责任；③已建立了应对风险的基金或保险(风险基金或者保额应与业务规模相适应，且不低于15万元)，具备一定的经济偿付能力；④已建立了健全的组织机构及完善的内部管理制度，规范管理审定与核证业务的有关活动与决定，包括：明确管理层和审定与核证人员的任务、职责和权限，指定一名高级管理人员作为审定与核证负责人；建立了内部质量管理制度，包括人员管理、审定与核证运行管理、文件管理、申诉、投诉和争议处理、不符合及纠正措施处理等相关制度，建立了完善的公正性与保密管理制度，以确保其相关部门和人员(包括代表其活动的委员会、外部机构或个人)从事审定与核证工作的公正性，以及对涉及的信息予以保密；⑤具有至少4名专职审定和(或)核证人员，并且其中至少有2名人员具有两年及以上森林碳汇项目审定或核证工作经历(如清洁发展机制、自愿减排机制或黄金标准机制下的审定与核证经验)，以确保其有能力在获准的专业领域内开展审定与核证工作。审定或核证人员要熟悉与森林碳汇相关的法律法规和标准，了解审定与核证工作程序及其原则和要求，掌握相关行业方面的专业知识和技术，掌握审定与核证活动相关的知识和技能，包括项目的基准线和监测方法学、额外性以及相关法规要求、监测和测量设备的管理及校准、数据和信息管理评估等；⑥在审定与核证领域内具有良好的业绩。包括：在最近三年内具有森林碳汇项目审定或核证的经历(如清洁发展机制、自愿减排机制、黄金标准机制下的审定或核证经验)，并且至少完成过5个项目的审定或核证工作，对于无上述审定或核证经历的特定行业机构，应在森林碳汇领域内独立完成至少2个省级课题，

或自主开发至少 1 个经省级主管部门备案的项目方法学；⑦在所从事的第
三方业务活动中没有任何违法违规行为记录。

第三方服务机构应提交的备案申请材料包括：①基本情况表；②企业
营业执照和税务登记证复印件(事业单位/社会团体提供法人资格证明文
件)并加盖公章；③近三年经过审计的财务报表；④风险基金或保险证明
材料；⑤已取得的国家有关技术能力认可的证明材料(适用时)；⑥近三年
开展森林碳汇项目审定或核证情况表及相关证明材料，或完成课题、开发
方法学情况表及相关证明材料；⑦从事森林碳汇项目审定或核证的审核员
资历情况表；⑧与审定与核证有关的管理制度和程序；⑨不从事与审定和
核证工作有利益冲突的活动的声明；⑩所从事的业务符合国内相关法律法
规的声明。

9.4.3 第三方服务机构的追责制度

①备案后的第三方服务机构应在备案批准的专业领域内，按照规定的
工作程序和要求开展森林碳汇项目审定与核证工作。②备案后，当法定代
表人、工作场所等内容发生变更时，第三方服务机构应当自发生变更之日
起 20 个工作日内向森林碳汇管理机构报告。③备案后，当第三方服务机构
的能力不再满足本文件所规定的备案要求时，森林碳汇管理机构将通告其
备案无效。④对由于自身过失(如无法向森林碳汇管理机构提供证明而造
成的项目森林碳汇量签发不足或过量签发)的情况出现，第三方服务机构
应按照与客户协商，或根据相关的仲裁结果予以赔偿。

9.4.4 第三方服务机构的监管制度

森林碳汇市场交易监管制度的实施范围广，包括了森林碳汇市场交易
的主体、客体、中间服务机构以及相关管理机构等各方面，通过四种监督
主体共同合作，构建一种多层次的监管体系，以此降低发生市场风险的概
率，维护市场的正常运作。

(1)地方性法规监督制度规范。目前各省还没有与国家有关森林碳汇
交易法规相配套的统一地方性法规或行政规章，也没有制定省内森林碳汇
第三方服务机构的监管规则。很多第三方服务机构还处在法律监管和行政
监督都难以触及的"灰色地带"，这就增加了森林碳汇交易合谋的风险。各

省的地方立法机关应制定森林碳汇交易地方性法规，制定地方性森林碳汇交易法规或规章，其中既要明确森林碳汇交易市场参与者的法律地位，又要规范交易参与者在交易中的法律责任，并对行政监管和自律监管的权限和方式做出规定。在立法过程中，管理机构和立法机构可以采用"改革试点—观察成效—摸索经验—全面启动"的路径，审慎地出台和调整相关政策和法律，并且按照动态平衡的理念使各项措施都得以协调配套。法律监管是第三方服务机构监管体系中最为重要的环节，处于整个监管体系的核心位置。

(2)森林碳汇交易市场自律监督制度。自律监管是森林碳汇第三方服务行业的主体通过组成行业的自律组织来进行自我监管。自律组织来自森林碳汇行业，了解市场、参与市场、接近市场。政府监管者应该给予自律组织一定的空间，让自律组织更有效地发挥自律监管的作用。森林碳汇交易市场中第三方服务机构的自律组织之间应具有行业内交流的机会，各种自律组织不限于对单一行业内部成员进行监管，与其他自律组织联合起来对整个中介服务行业进行管理和监督，形成有效的相互制约体系。以加强各个自律组织之间的沟通与合作，共同对省级森林碳汇交易中介服务业进行监管。同时，通过定期进行行业培训、学习其他自律组织的先进经验、同一行业自律和业内监督规则等方式，提高行业从业人员的整体素质，降低商业贿赂等不法风险发生的可能性。

(3)行政监督评级制度。行政监管是抵御森林碳汇交易市场风险的有效办法。省级森林碳汇交易行为的监管主体主要包括省发改委、省财政厅、省纪委和省林业局等部门，其中省林业局是森林碳汇交易的核心监管部门。这些行政机构通过制定规章制度、许可制度以及各种检查监察手段规范森林碳汇市场的规范运作。现阶段，省林业局每年会定期公示技术类中介机构备选库的入选机构名单，但并没有对这些第三方服务机构的服务质量和业务水平进行划分。对于这些森林碳汇交易第三方服务机构，省发改委、财政厅等森林碳汇交易金融服务监管机构可以联合设立评级制度，按照第三方服务机构的业务量、信誉度、专业度进行综合评级，并定期发布评级报告。对于那些口碑好、信誉高、服务质量优良的第三方服务机构要加以支持和帮助，对于那些通过暗中回扣获得交易服务的机构要给予严厉的打击，禁止不诚信的服务机构出现在市场上，在源头上净化森林碳汇市场。为了防止森林碳汇交易暗箱操作，还应对森林碳汇交易机构规定更为严格的年审制度，并可以借鉴公司法上的信赖义务理论来构建国有资产监督管理的问责机制，防止出现森林碳汇交易所与中介机构相互勾结暗箱操作。

(4)社会舆论监督制度。社会舆论监督是产生于森林碳汇交易市场之外但又对森林碳汇市场产生一定影响的监督模式。社会舆论监督主要是媒体监督和群众监督，全社会范围内积极参与支持森林碳汇交易市场，从而形成一种全社会监督的氛围，对市场参与者产生道德约束和增强它们的社会责任感。

媒体监督和其他形式的监督有所不同，它不是建立在森林碳汇交易法律法规的基础上的，它所具有的监督权及其作用是以新闻法律法规为基础的。因此这类监督不具有管理性质和惩戒性质，而是通过对出现在森林碳汇交易市场上新闻的正面或负面曝光来进行舆论监督。以公正的报道和快速的渠道向全社会传达森林碳汇交易市场最新最快的信息，从而将全社会与森林碳汇市场紧密联系在了一起。媒体监督的最大特点在于它更加接近森林碳汇交易的第一线，反映的问题实际且重要，有待及时解决。

9.5　森林碳汇市场交易的其他配套制度

省级森林碳汇需求管理制度主要针对需求方购买森林碳汇的相关制度，目的是为了规范需求方购买的行为，设立购买标准，减少买方垄断势力，保证森林碳汇最低的购买和消费量，维持森林碳汇需求量，使森林碳汇交易达到一定的交易规模。

9.5.1　绿色捆绑销售制度

绿色捆绑销售制度是为了减少买方垄断势力，通过捆绑销售的方式，加大刚性需求而设定的。这种制度的设定能够促进省级森林碳汇交易市场的发展，避免需求方考虑其成本利益而选择购买其他碳汇。省级强制碳减排实施方案可以规定超过碳排放限额的企业要购买碳汇或者碳指标中必须最低含有 1%森林碳汇，不设上限，而且规定优先购买企业生产所在地或者周围的森林碳汇，这样既可以稳定森林碳汇的持续需求量，不增加企业总购买量，还解决了企业超额排放后对当地的生态补偿，获得较高的企业声誉。

9.5.2 政府回购储蓄制度

政府回购储蓄制度是为了平衡省级森林碳汇市场交易的重要措施，通过控制市场碳排放量指标和森林碳汇市场交易量指标来实现省森林碳汇市场交易的正常秩序发展。

政府通过购买森林碳汇来抑制碳排放指标和森林碳汇价格的大幅度波动。一方面，政府对碳排放进行总量控制，设置上限值，通过购买森林碳汇的方式增加上限值。例如，政府规定免费碳排放总配额，分配计划需要预先制定通过政府批准才能实行。除林业外，其他部门获得的免费碳排放配额均不可能满足企业的需求，企业无疑需要努力降低其温室气体的排放，即降低对排放配额的需求或者增加对排放配额的购买。森林碳汇由于受土地的限制，在一定时期供应量是有限制的，因此森林碳汇不会无限扩大，而是无限增大上限值。这样既可以维护碳排放指标发放对整体碳减排的要求，也使森林碳汇成为碳汇市场中的优先购买选择。

另一方面，当森林碳汇价格低于碳排放指标价格的50%时，政府将购买多余的森林碳汇补充到碳排放指标中，并在下一期有偿发放碳排放指标中将回购的森林碳汇释放到市场中，使森林碳汇与碳排放指标保持一定的挂钩机制。建立防止碳汇价格波动缓冲机制，以此提高森林碳汇收益的可预见性，增加购买者的信心，降低价格波动，保护森林碳汇的价格。

9.5.3 交易抵押制度

森林碳汇发生碳逆转是买家最为担心的问题，省级森林碳汇可以采用CCX的措施，森林碳汇在出售之前要向广东省碳交易所抵押一部分森林碳汇（CCX是抵押森林碳汇交易量的20%），为了防止碳逆转，直到森林碳汇交易结束后 N 年再返还给森林碳汇项目方。当出现碳逆转，交易所可用抵押森林碳汇先补充上，森林碳汇项目方在下次交易前将抵押的森林碳汇补充上即可，如果超出抵押碳汇量，森林碳汇项目方应及时补充上，否则取消交易资格。这种交易抵押制度极大限度地保护了森林碳汇需求方的利益，增强了购买者的信心。

9.5.4 林业保险机制

依托现有的森林保险市场和资源，省级政府部门可以考虑森林碳汇保险纳入到林业保险体系中，引进自然灾害保险、病虫灾害保险等森林保险品种，享受森林保险政策待遇。特别是推动开展林业部门与经办机构在森林保险的宣传和培训、对森林碳汇风险分类、保险产品定价与赔付等方面的专业合作，增强森林碳汇保险产品设计的科学性和灵活性。除建立林业损失超赔再保制度外，设立林业巨灾风险保障基金，明确资金来源、适用范围、触发条件等内容，形成以政府为主导、以商业保险体系为主体的多层次森林风险保障模式。在设计赔付率等方面，森林碳汇项目应区别于其他类型的林业项目。

9.5.5 购买优惠管理制度

省级森林碳汇需求相对较低，为了扩大需求，势必需要制定辅助型管理规范，主要的措施如下：第一，鼓励没有被列入碳强制减排但有购买能力的企业购买当地的森林碳汇，引导企业将碳汇用于抵消企业或者个人的碳排放，当地环保部门以授予"低碳标兵"的荣誉称号或从精神方面给予鼓励；第二，对于有能力少量购买森林碳汇的个人或者其他组织实行森林碳汇积分制，将森林碳汇和低碳活动联系起来，采取措施加强企业的社会责任感，提高公民的环境保护意识，唤醒潜在需求者，包括私人"绿色"公司，"绿色"投资企业，关注环境质量和希望降低环境破坏灾难威胁及成本的公共机构、私人保护组织、慈善家以及一般公众或外国政府等；第三，购买森林碳汇减免部分税费，规定企业自愿购买森林碳汇并实施碳抵消，政府实行减免企业一定比例税费的制度，减免金额不超过购买森林碳汇金额的 50%，以此促进企业积极购买森林碳汇。

参考文献

陈则生，2010. 杉木人工林经济成熟龄的研究[J]. 林业经济问题，30(1)：22-26.

郭彬，张世英，郭焱，等，2005. 循环经济激励机制设计研究[J]. 工业工程(6)：56-59.

胡国登，2007. 木荷人工林货币收获表编制及应用的研究[J]. 安徽农学通报(17)：115-117.

黄宝龙，蓝太岗，1988. 杉木栽培利用历史的初步探讨[J]. 南京林业大学学报(2)：54-59.

南方十四省区杉木栽培科研协作组，1983. 杉木立地条件的系统研究及应用[J]. 林业科学，19(3)：246-253.

彭纪权，金晨曦，陈学通，等，2020. 我国电力市场与全国碳排放权交易市场交互机制研究[J]. 中国能源，42(9)：20-24+47.

邱祈荣．2008. CDM植林计划案例分析：以中国广西珠江流域治理复旧造林计划为例[J]. 全球变迁通讯杂志(61)：27-34.

沈月琴，王小玲，王枫，等，2013. 农户经营杉木林的碳汇供给及其影响因素[J]. 中国人口·资源与环境(08)：42-47.

盛济川，2012. REDD对中国减缓气候变化的影响分析[J]. 中国科技论坛(11)：141-148.

王小玲，沈月琴，朱臻，2013. 考虑碳汇收益的林地期望值最大化及其敏感性分析：以杉木和马尾松为例[J]. 南京林业大学学报(自然科学版)(4)：143-148.

于金娜，姚顺波，薛彩霞，等，2014. 造林项目可持续发展影响因素研究[J]. 西北农林科技大学学报(社会科学版)，14(4)：61-71.

余光英，等，2010. 基于交易视角的碳汇林管理的有效机制研究[J]. 生态经济(7)：52-54.

朱臻、沈月琴，吴伟光，等，2013. 碳汇目标下农户森林经营最优决策及碳汇供给能力：基于浙江和江西两省调查[J]. 生态学报, 33(8)：2577-2585.

Asante P, Armstrong G W, Adamowicz W L, 2011. Carbon sequestration and the optimal forest harvest decision：A dynamic programming approach considering biomass and dead organic matter[J]. Journal of Forest Economics, 17(1)：3-17.

Asante P, Armstrong G W, 2012. Optimal forest harvest age considering carbon sequestration in multiple carbon pools：a comparative statics analysis[J]. Journal of forest economics, 18 (2)：145-156.

Faustmann M, 1849. Calculation of the value which forest land and immature stands possess for forestry[J]. Journal of Forest Economics, 1：7-44.

Hartman R, 1976. The harvesting decision when a standing forest has value[J]. Economic Inquiry, 14：52-58.

Hoel M, Holtsmark B, Holtsmark K, 2014. Faustmam and the climate[J]. Journal of Forest Economics, 2：192-210.

Nordhaus W D, 1999. Global public goods and the problem of global warming[C]. Annual Lecture of the 3rd Toulouse Conference of Environment and Resource Economics, Toulouse：14-16.

Richards K R, Moulton R J, Birdsey R A, 1993. Costs of creating carbon sinks in the US[J]. Energy Conversion and Management, 34(9)：905-912.

Samuelson P A, 1976. Economics of forestry in an evolving society[J]. Economic Inquiry, 14：466-492.

Sedjo R, Solomon A, 1989. Greenhouse Warming：Abatement and Adaptation[M]. Washington, D. C. ：Resources for the Future：110-119.

Sterner T, Coria J, 2012. Policy instruments for environmental and natural resource management, second edition [M]. Resources for the Future：58.

van Kooten G, Stennes B, Krcmar-Nozic E, et al. , 2000. Economics of Afforestation for Carbon Sequestration in Western Canada[J]. The Forestry Chronicle, 76 (1)：165-172.

Xu D, 1995. The Potential for Reducing Atmospheric Carbon by Large-Scale Afforestation in China and Related Cost/Benefit Analysis[J]. Biomass and Bioenergy, 8 (5)：337-344.